数字媒体技术应用专业系列教材

数字插画与排版
——Adobe Illustrator CS5 / InDesign CS5
Shuzi Chahua yu Paiban
——Adobe Illustrator CS5 / InDesign CS5

刘洋　鲍鹏杰　主编

高等教育出版社·北京

HIGHER EDUCATION PRESS　BEIJING

内容提要

本书是数字媒体技术应用专业系列教材，是教育部职业教育与成人教育司校企合作项目——"数字媒体技能教学示范项目试点"指定教材。

本书针对职业学校学生的特点，从设计与商业应用的角度出发，通过具体的案例由浅入深地讲解了数字插画设计与排版方法，其中包含了 Adobe Illustrator CS5 和 Adobe InDesign CS5 软件应用技术及表现形式。通过教材中穿插的商业案例实战项目，将制作技术、创意和操作技巧有效地进行了结合，并对其制作方法做了详细的阐述。

本书共分 10 章，前 7 章介绍 Illustrator 软件及在商业插画中的应用，包括 Illustrator 与数字插画、图案设计、企业视觉识别系统、商业包装设计、模拟真实世界、吉祥物与卡通形象设计、商业插画绘制。后 3 章介绍 InDesign 数字排版，包括 InDesign 与平面媒体、InDesign 版式制作、版式设计架构。

本书配套光盘提供书中案例的素材和源文件。本书还配套学习卡网络教学资源，使用本书封底所赠的学习卡，登录 http://sve. hep.com.cn，可获得更多资源。

本书适合职业学校数字媒体技术应用、计算机平面设计、计算机动漫与游戏制作专业学生使用，也可供有志于光影视觉设计工作的爱好者自学使用。

图书在版编目（CIP）数据

数字插画与排版：Adobe Illustrator CS5/InDesign CS5/ 刘洋，鲍鹏杰主编．—北京：高等教育出版社，2011.8
ISBN 978-7-04-032637-6

Ⅰ．①数… Ⅱ．①刘… ②鲍… Ⅲ．①图形软件，Illustrator CS5—中等专业学校—教材 ②排版—应用软件，InDesign CS5—中等专业学校—教材 Ⅳ．①TP391.41 ②TS803.23

中国版本图书馆 CIP 数据核字（2011）第 139555 号

策划编辑	赵美琪	责任编辑	赵美琪	封面设计 张申申	版式设计	范晓红
责任校对	胡美萍	责任印制	韩 刚			

出版发行	高等教育出版社	咨询电话	400-810-0598
社　址	北京市西城区德外大街 4 号	网　址	http://www.hep.edu.cn
邮政编码	100120		http://www.hep.com.cn
印　刷	中原出版传媒投资控股集团	网上订购	http://www.landraco.com
	北京汇林印务有限公司		http://www.landraco.com.cn
开　本	787mm×1092mm　1/16		
印　张	12.5	版　次	2011 年 8 月第 1 版
字　数	280 千字	印　次	2011 年 8 月第 1 次印刷
购书热线	010-58581118	定　价	44.10 元（含光盘）

本书如有缺页、倒页、脱页等质量问题，请到所购图书销售部门联系调换

物 料 号　32637-00

序

Adobe 公司的产品因其卓越的性能和友好的操作界面备受网页和图形设计人员、专业出版人员、动画制作人员和设计爱好者等创意人士的喜爱,产品主要包括 Photoshop、Flash、Dreamweaver、Illustrator、InDesign、Premiere Pro、After Effects、Acrobat 等。Adobe 正通过数字体验丰富着人们的工作、学习和生活方式。

Adobe 公司一直致力于推动中国的教育发展,为中国教育带来了国际先进的技术和领先的教育思路,逐渐形成了包含课程建设、师资培训、教材服务和认证的一整套教育解决方案;十几年来为教育行业和创意产业培养了大批人才,Adobe 品牌深入人心。

中等职业教育量大面广,服务社会经济发展的能力日益凸显。中等职业学校开设的专业是根据本地区社会实际需要而设立的,目标明确,专业对口,量体裁衣,学以致用,毕业生很受社会欢迎,正逐渐成为本地区经济和文化发展的重要力量。

社会在变革,社会对中等职业教育的需求也在不断变化。一些传统的工作和工作岗位逐渐消亡,另一些新技术和新工种雨后春笋般地出现,例如多媒体技术、图形设计、网站设计、视频剪辑、游戏动漫、数字出版等。即使是一些传统的工作岗位,也要求工作人员掌握计算机技术和软件技能。数字媒体技术应用专业培养的人才是地方经济建设和发展中的一支生力军,Adobe 的软件作为行业的标准软件之一,是数字媒体技术应用专业学生必须学习的,越来越多的学习者体会到了它的价值。

Adobe 公司希望通过与中等职业学校的合作,不断地为学校提供更多更好的软件产品和教育服务,在应用 Adobe 软件技术的同时,也推行先进的教育理念,在教育的发展中与大家一路同行。

Adobe 教育行业经理　于秀芹

前　言

伴随科技高速发展,现代设计已经不再拘泥于传统的设计应用技术,计算机图形制作与版式设计可以完成超乎想象的视觉效果,同时随着设计软件平台的整合,跨平台的工作已经变得简单轻松。

插画是指运用绘画表现手段进行商业化创作设计的艺术形式。数字插画是指运用数码硬件(计算机、数位板)结合常用数码绘画软件进行插画创作的新型艺术表现形式。随着数字化技术的发展,数字插画因其画面表现精细、创作效率高、便于修改等特点,已经成为现代商业插画行业的主流创作形式,是从事专业插画创作工作必须掌握的技能。

InDesign 是一个全新的艺术排版软件,为图像设计师、产品包装师和印前专家广泛使用。它整合了多种关键技术,包括 Adobe 专业软件拥有的图像、字形、印刷及色彩管理技术。

本书特色:

(1) 案例选取贴近岗位需求

本书侧重数字插画设计与排版技术的综合应用,深入解析 Illustrator 和 InDesign 软件在平面设计与排版输出时的制作技巧,同时结合专业领域内热门的典型商业包装案例,在学习过程中直接进行商业化制作模拟,在掌握制作技术的同时熟悉商业化制作流程。

(2) 编写体例符合认知规律

本书对编写体例做了精心地设计,力求通过课堂案例演练,使学生快速掌握软件功能和艺术设计思路;通过软件功能解析,使学生深入学习软件功能和制作特色;通过课后习题,拓展学生的实际应用能力。

本书编者系北京市高等教育学会专家,具有多年设计及教学经验,其作品曾被多家国际知名平面媒体收录。相关行业人员参与整套教材的创意设计及具体内容安排,使教材更符合行业、企业标准。中央广播电视大学史红星副教授审阅了全书并提出宝贵意见,在此表示感谢。

本书配套光盘提供书中所用案例的素材和源文件。本书还配套学习卡网络教学资源,使用本书封底所赠的学习卡,登录 http://sve.hep.com.cn,可获得更多资源,详见书末"郑重声明"页。本书所使用的相关资料只用于教学,不应应用于商业用途。

为了能真正提高学生的设计能力,学校在开设本课程时,最好全部进行上机学习。有条件的学校,在安排本课程学习前,最好能够先安排 Photoshop 相关课程,这样学生的实战能力会大大提高。本书的学时安排如下。

学时安排(不包含期中、期末考试复习)

章节	总学时	理论课学时	实验课学时
1 Illustrator 与数字插画	4	0	4
2 图案设计	8	4	4
3 企业视觉识别系统	8	0	8
4 商业包装设计	8	4	4
5 模拟真实世界	12	8	4
6 吉祥物与卡通形象设计	8	0	8
7 商业插画绘制	10	0	10
8 InDesign 与平面媒体	8	4	4
9 InDesign 版式制作	8	2	6
10 版式设计架构	8	6	2
合计	82	28	54

本书是集体智慧的结晶,在编写过程中,我们力求精益求精,但难免存在一些不足之处。读者使用本书时如果遇到问题,可以发 E-mail 到 edu@digitaledu.org 与我们联系。

编者
2011 年 5 月

目 录

Illustrator 与数字插画

　　欢迎大家走进 Illustrator 与数字插画的世界,对于刚步入此专业学习的读者来说,了解专业的属性是非常重要的。在学习的初级阶段,重点在于认识数字插画的应用与 Illustrator 软件之间的关系,以及对两者各自所涉及的领域有所了解。

　　在本章的内容讲解中,读者可根据内容的分析架构对专业的属性以及应用有所了解,对软件技术进行初步的认识。软件的基础操作与学习,将成为学习中的难点。Illustrator 的专业属性以及应用技术与其他软件有所不同,所以需要读者认真分析与练习。

1.1　数字插画

1.1.1　相关知识

1. 数字插画与绘画

　　数字技术为插画创作者提供了更多的手段来构建画面。数字插画在视觉上体现了时代的进步。这种方式对插画创作者提出了新的要求,如图 1-1-1 所示。

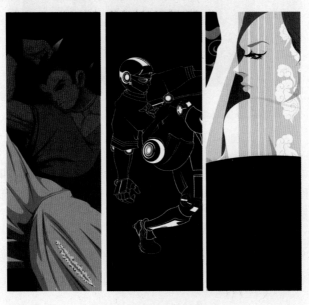

图 1-1-1　新型数字插画

在当代设计领域中,数字插画设计可以说是非常具有表现力的,它与绘画艺术有着很深的渊源。数字插画艺术与绘画艺术的结合使得前者无论是在表现技法的多样性探求,还是在设计主题与思路的表现中都有更深、更广的发挥,从而有了长足的进展,同时也展示出更加独特的艺术魅力,更具表现力。

2. 认识 Illustrator

数字插画借助数码科技的发展成果获得了全面支持,表现出独有的艺术风格。对探讨数字插画的创作方式与形式,对视觉文化的发展将有一定的推动。

在专业领域中,无论图形设计师、专业插画家、设计多媒体图像的艺术家,还是网页或在线内容的制作者,使用过 Illustrator 后都会发现其强大的功能和简洁的界面设计风格。

Illustrator 是美国 Adobe 公司推出的专业矢量绘图软件,它的应用领域遍及出版、多媒体和在线图像的工业标准以及矢量插画,同时它在当前的一些新兴行业中也有不俗的表现,如时下火爆的交互式媒体应用。图 1-1-2 所示是 Illustrator 典型效果展示。

图 1-1-2　Illustrator CS5 典型效果

在 Adobe 公司推出的系列软件中,可使用 Illustrator、InDesign 和 Photoshop 通用的一组绘制工具和应用技术绘制和修改路径。使用这些应用软件绘制路径,可以在各个软件之间自由复制和粘贴这些路径。同时也可以创建在 Illustrator 和 Flash 中使用的符号。

Illustrator CS5 软件可以在透视中实现精准的绘图,创建宽度可变的描边,在画笔的使用中逼真的效果远超越之前版本,如图 1-1-3、图 1-1-4 所示。

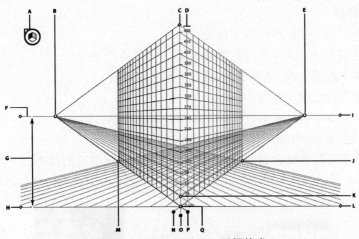
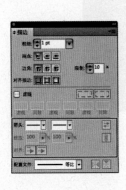

图 1-1-3　Illustrator CS5 透视技术

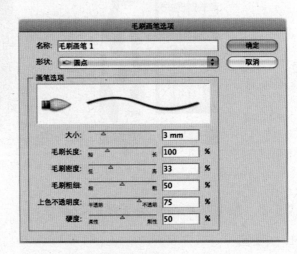

图 1-1-4　Illustrator CS5 描边与画笔

第一次运行 Illustrator 时，在欢迎界面中可以选择其中的任意一种模式开始自己工作的新文档。这里简单地打开一个新文档（从模板中创建新文档），可以将已有的模板作为建立用户新文档的基础；也可以打开一个已经存在的文档，如图 1-1-5 所示。

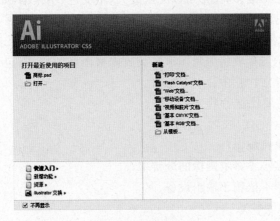

图 1-1-5　欢迎界面

3. 学习目标

运用 Illustrator 需要掌握以下技能：

①能够运用 Illustrator 软件各功能面板；

②能够徒手绘制人物、卡通漫画，会进行角色创意等；

③能够在装饰绘画中运用 Illustrator；

④能够运用 Illustrator 制作产品实体图形及企业标志创意；

⑤掌握运用 Illustrator 制作各种印刷品的技巧；

⑥掌握在 VI（企业视觉识别系统）策划中 Illustrator 的应用技巧。

如图 1-1-6 所示图像为 Illustrator 在不同的商业应用中表现的视觉效果。

图 1-1-6　Illustrator 商业应用

1.1.2　数字插画应用与矢量编辑属性

1. 矢量图

在数字插画的应用中，矢量图的应用极为广泛。矢量图是由独立对象堆叠起来的，因独特的属性决定了它的易编辑性，图形的各个细节（以路径为单位）全部可以"拆卸"开来，甚至可以与其他图形交换"零件"组装成新的图形对象，它所具备的平滑、轻巧、易编辑等特点催生了一个新的多媒体舞台。

矢量图以几何图形居多，图形可以无限放大，不变色、不模糊，如图 1-1-7 所示图像为 Illustrator 制作出的不同结构特点的矢量图，通过效果的叠加展示出丰富的视觉样式。如图 1-1-8 所示图像为 Illustrator 在不同领域丰富的视觉效果表现。

目前计算机显示器都要将矢量图形转换成栅格图像的格式，包含屏幕上每个像素数值的栅格图像保存在内存中。

（1）矢量图的主要优点

①文件小；

②图像元素对象可编辑；

③图像放大或缩小不影响图像的分辨率；

④图像的分辨率不依赖于输出设备。

（2）矢量图的主要缺点

①重画图像困难；

图 1-1-7 矢量图应用(1)

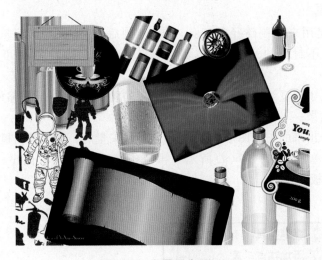

图 1-1-8 矢量图应用(2)

②逼真度低,要画出自然度高的图像需要很多的技巧。

2.矢量图的拓展

目前,矢量图形这个术语主要用于二维计算机图形学领域,它是艺术家能够在栅格显示器上生成图像的几种方式之一。另外几种方式包括文本、多媒体以及三维渲染。

随着计算机图形的制作和处理、编辑图片功能的逐渐强大,以 Flash、Illustrator 等为代表的矢量计算机图形绘制软件也不断增强其路径、画笔等绘图功能,这种以计算机软件中的勾描、填色、修改等造型手段来绘制时尚插图的方式既便于修改又能大量复制,运用起来十分简单快捷,赢得了越来越多插图设计师的喜爱。

1.2 Illustrator 应用基础

利用计算机软件进行艺术创作是非常具有挑战性的,但同时也会让你受益匪浅。如果选择有针对性的分析和学习,就可以很容易地认识并掌握软件的使用方法。在

Illustrator基础学习中主要介绍软件工具的特点,根据特点对基本应用技巧进行有效地学习。

1.2.1 舞动的线条——绘图工具

线条的应用在数字插画中非常重要,它决定了图形设计的基础结构,同时也是高品质图形设计"面"的基础条件,在数字插画的学习中"线"的学习非常重要。

1. 锚点、线条、贝塞尔曲线

在这里可以认为图像是由点构成的,这些点称为锚点,在点与点之间构成曲线或直线,这些线条称为路径。

贝塞尔曲线,又称贝兹曲线或贝济埃曲线,曲线由线段与节点组成,节点是可拖动的支点,在绘图工具上看到的钢笔工具就是来做这种矢量曲线的。贝塞尔曲线的特点是"皮筋效应",也就是说,随着点有规律地移动,曲线将产生类似皮筋伸缩一样的变换效果,能够带来视觉上的冲击。

2. 钢笔工具

钢笔工具是用来绘制路径的工具,路径绘制后,还可进行再编辑。该路径是矢量图形,允许是不封闭的开放状,如果把起点与终点重合绘制就可以得到封闭的路径。

钢笔工具属于矢量绘图工具,其优点是可以勾画平滑的曲线,在缩放或者变形之后仍能保持平滑效果。

钢笔工具画出来的矢量图形称为路径,路径是矢量的。在工具面板中,按住钢笔工具,弹出下拉菜单,如图 1-2-1(a)所示。再单击图 1-2-1(a)右侧小三角,弹出如图 1-2-1(b)所示面板。

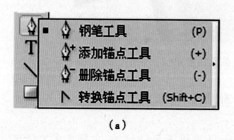
(a)

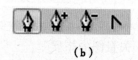
(b)

图 1-2-1　钢笔工具

:钢笔工具,用于绘制直线和曲线。

:添加锚点工具,用于将锚点添加到路径。

:删除锚点工具,用于删除路径中的锚点。

:转换锚点工具,用于将平滑点与角点互相转换,如图 1-2-2 所示。

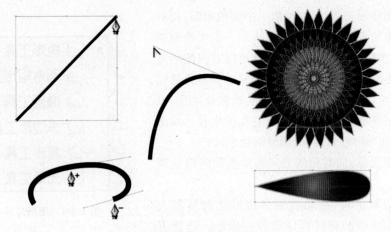

图 1-2-2　钢笔应用

当鼠标放到路径上,将出现对应的光标,可实现不同的功能,主要有以下几种:

　:开始绘制一个对象。

　:添加一个锚点。

　:删除一个锚点。

　:创建一个拐角(光标在一个已有的锚点上)。

　:从一个锚点继续控制。

　:将两条线段连接起来。

　:闭合对象。

3. 线条与图形的绘制

在工具面板中,按住直线段工具,弹出下拉菜单,如图 1-2-3 所示。运用这些工具可以很快绘制一个成形的线条或者图形。

①直线段工具:将指针定位到线段开始的地方,然后拖动到线段终止的地方。

②弧线工具:将指针定位到弧线开始的地方,然后拖动到弧线终止的地方。

③螺旋线工具:拖动直到螺旋线达到所需大小,拖动弧线中的指针可以旋转螺旋线。

④矩形网格工具:拖动直到网格达到所需大小,单击可以设置网格的参考点。

图 1-2-3　直线段工具

⑤极坐标网格工具:拖动直到网格达到所需大小,单击可以设置网格的参考点。

在工具面板中,按住图形工具,弹出下拉菜单,如图 1-2-4 所示。

①矩形工具:若要绘制一个矩形,向对角线方向拖动直到矩形达到所需大小。若要绘制方形,在按住 Shift 键的同时向对角线方向拖动直到方形达到所需大小。

②圆角矩形工具：若要绘制一个圆角矩形，向对角线方向拖动直到矩形达到所需大小。若要绘制圆角方形，在按住 Shift 键的同时向对角线方向拖动直到达到方形所需大小。圆角半径决定矩形圆角的弧度，用户既可以在绘制圆角矩形前更改默认半径，也可以在绘制各个圆角矩形后更改它们的半径。双击空白处，弹出"常规"对话框，调整圆角半径。

图 1-2-4　图形工具

③椭圆工具：向对角线方向拖动直到椭圆达到所需大小。

④多边形工具：拖动直到多边形达到所需大小。拖动弧线中的指针可以旋转多边形。选择多边形工具，单击绘图区，将弹出"多边形"面板，可以在面板中指定多边形的半径和边的数量，然后单击"确定"按钮。

⑤星形工具：拖动直到星形达到所需大小。拖动弧线中的指针可以旋转星形。选择星形工具，单击绘图区，将弹出"星形"面板，"半径 1"指定从星形中心到星形最内点的距离，"半径 2"指定从星形中心到星形最外点的距离。"点"指定希望星形具有的点数，最后单击"确定"按钮。

4. 其他绘画工具

①铅笔工具：双击铅笔工具，弹出"铅笔工具选项"对话框，选中"编辑所选路径"选项，选取一条路径，用铅笔工具在路径上或靠近路径绘制，即可修改路径的形状。

②橡皮擦工具：橡皮擦工具用于删除选中路径的一部分。沿路径拖动橡皮擦工具，可删除路径的一部分。注意必须沿着路径拖动橡皮擦工具，若是垂直于路径拖动则会导致意想不到的后果，并在剩余的路径上添加一对锚点，锚点添加在与删除路径部分邻近的地方。

③剪刀工具：剪刀工具通过单击两个不连续的锚点选中剪切的路径，锚点位于两段剩余路径的端点。若只选中其中一个锚点，使用直接选择工具单击剪切处，再用剪刀工具剪切，即可剪断。为了看清剪断效果，可以选中上一个锚点，将其拖到一边。

1.2.2　选取与组合

1. 选取工具

在工具面板中，按住选择工具，弹出下拉菜单，如图 1-2-5 所示。选择工具可以让用户非常容易地选择对象。

图 1-2-5　选择工具

①选择工具：单击某一个对象，将选中对象或包含该对象的组。

②直接选择工具：单击锚点或路径，将选中该点或路径的一部分。

③编组选择工具：单击锚点，可以进一步选择组内对象。

2. 有效地分解与组合

在图案操作中会出现图形过多，操作困难的情况，出现这种情况时可以选择组合方式来解决。选择复合锚点并右击，在弹出的快捷菜单中选择"编组"命令，如图 1-2-6 所示。

图 1-2-6　编组工具

要选择组合的某一个对象，不必将组合分解，只要使用编组选择工具即可。

若要取消编组，右击图案，在弹出的快捷菜单中选择"取消编组"命令即可。

1.2.3　Illustrator 中的色彩设置

对图稿应用颜色是 Illustrator 中一项常见的任务，它要求了解有关颜色模式的一些知识。当对图稿应用颜色时，应想着用于发布图稿的最终媒体，以便能够使用正确的颜色模式。通过使用 Illustrator 中功能丰富的"色板"面板、"颜色参考"面板和"编辑颜色"/"重新着色图稿"对话框，可以轻松地应用颜色。

1. 拾色器

在拾色器中，可以通过选择色域和色谱、定义颜色值或单击色板的方式，选择对象的填充颜色或描边颜色，如图 1-2-7 所示。

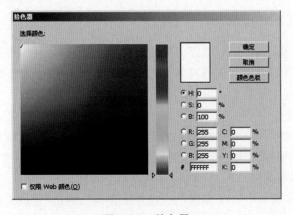

图 1-2-7　拾色器

2. 填色与描边工具

填色指对象中的颜色、图案或渐变。填色可以应用于开放和封闭的对象，以及实时上色组的表面。

描边可以是对象、路径或实时上色组边缘的可视轮廓。用户可以控制描边的宽度和颜色。也可以使用"路径"选项来创建虚线描边，并使用画笔为风格化描边上色，如图1-2-8所示。

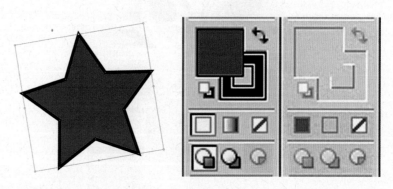

图 1-2-8　填色与描边

3. 工作环境色彩要求

一般用户使用的显示器是 RGB（红、绿、蓝）颜色模式，无法与打印在纸上的四色 CMYK（青色、品红、黄色、黑色）模式相比。因为打印环境不能准确地捕捉鲜艳的 RGB 颜色，打印时通常模糊不清。如果作品最终要打印的话，一定要在 CMYK 颜色模式下打印。因此必须使用某些方法改进当前的技术，例如校正显示器。在 Illustrator 中可以灵活地在 RGB 和 CMYK 颜色模式下工作和打印，非常实用。

当在屏幕上显示创作的作品时，或者模拟打印机上的专色时，可在 RGB 颜色空间下工作。

4. 单一颜色空间设置

新建一个文档时，要选择一种颜色模式（或颜色空间）。Illustrator 不允许同时在多种颜色模式下工作。如果需要打印，在输出前检查文件并确保它们处于合适的颜色模式下，文档的颜色模式显示在标题栏的文件名旁。可以在任何时候改变文档的颜色模式。

1.2.4　设置工作区域

在 Illustrator 基础学习中，掌握文件的设置是非常有必要的，是成为设计师必不可少的基本技术，文件的设置首先应理解文件的属性。软件操作方法的分析对于学习至关重要，在学习过程中反复地练习是掌握文件设置的决定性因素。

1. 工作区设置

在日常的工作中，用户会根据个人的工作习惯调整工作区，对工作区的设置可以通过将当前的屏幕布局存储为一个工作区。当用户移动或关闭了某个面板，也可以快速返回到原来的屏幕布局。

单击菜单命令"窗口"→"工作区"→"管理工作区"，弹出"管理工作区"对话框，如图1-2-9所示。

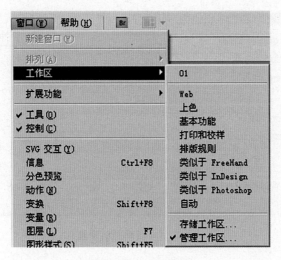

图 1-2-9　工作区设置

　　①要新建工作区，可以单击"新建工作区"按钮，在文本框中输入工作区名称。

　　②要重命名工作区，选择该工作区，并编辑文本。

　　③要删除工作区，选择该工作区，并单击"删除工作区"按钮。

　　④如果希望恢复默认状态，可以选择"基本功能"命令。

2. 首选项设置

　　首选项是关于用户希望 Illustrator 如何工作的选项，用来存储用户设置的参数，包括显示、工具、标尺单位和导出信息等。首选项设置存储在名为"AIPrefs"的文件中，当用户启动 Illustrator 时它也随之启动。要恢复 Illustrator 的默认设置，可以删除或重命名首选项文件并重新启动 Illustrator。

　　单击菜单命令"编辑→首选项"，选择相应首选项类型，如图 1-2-10 所示，弹出"首选项"对话框，进行相应设置。单击"首选项"对话框左上方下拉菜单，可快速切换到其他首选项类型，进行相应设置。

图 1-2-10　首选项

1.2.5　文件属性设置

　　在文件设置中，掌握有关文件的管理知识是非常重要的，这也是深入学习软件的基础，如打开、新建和保存等。用户可打开计算机中现有的文件，也可以创建新的绘图环境，然后再将其保存到指定的位置。

1. 文件新建设置

　　单击菜单命令"文件"→"新建"，或者按下 Ctrl＋N 组合键，都可打开"新建文档"对话框。在对话框中，可对文档的名称、尺寸、单位和取向等内容进行设置，如图1-2-11所示。

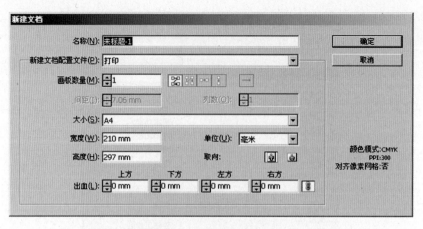

图 1-2-11　新建文档设置

高级选项设置位于基础选项下侧,单击"高级"下方的下拉菜单,主要是设置颜色模式与栅格效果(文件分辨率),如图 1-2-12 所示。

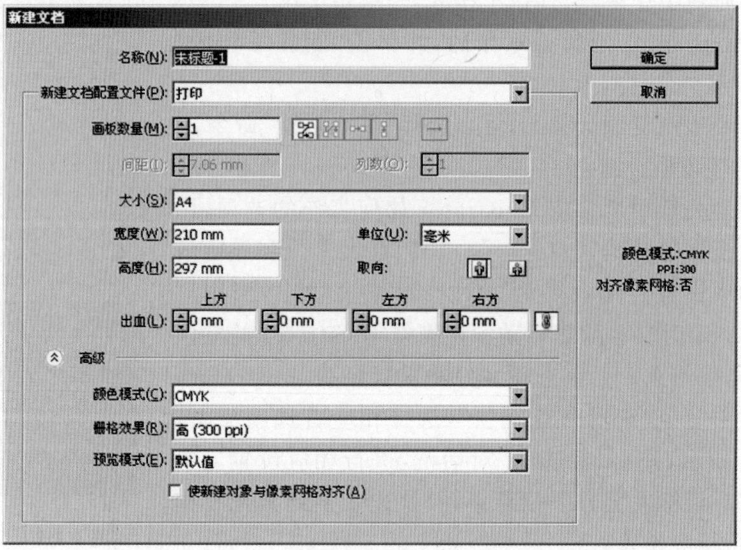

图 1-2-12　新建文档高级设置

设置完毕后,单击"确定"按钮,即可创建一个新的文档。

2. 文件开启设置

单击菜单命令"文件"→"打开",或者按下 Ctrl+O 组合键,都可以打开"打开"对话框,如图 1-2-13 所示。

如果未显示要打开的文件格式,可在"文件类型"下拉列表中选择需要打开的文件格式,如图 1-2-14 所示。

显示文件名称后,在列表框中选择"Picture-16.ai",这时"文件名"文本框中将显示其文件名称,而在对话框底部可预览其效果,如图 1-2-15 所示。

图 1-2-13　文件打开界面

图 1-2-14　文件格式选项

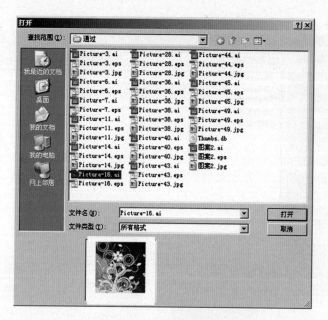

图 1-2-15　文件选择预览

3. 置入文件

如果用户在绘图时需要添加一些图片来丰富效果,可以使用"置入"命令,将图片置入当前文档,置入图片后用户可以调整图形的大小、位置和旋转角度。

单击菜单命令"文件"→"置入",打开"置入"对话框,在"查找范围"下拉列表中选择需要置入的文件,再选择置入的方式,如图 1-2-16 所示。

图 1-2-16　置入文件选项界面

注意:在对话框中,选中"链接"复选框,可在所选文件与当前文件之间创建链接,取消该选择后,则可将该文件嵌入 Illustrator 中;当选中"模板"复选框时,将会使用所选文件创建一个模板图层;而选中"替换"复选框可替换现有的文件。

　　设置各选项后,单击"置入"按钮,弹出"置入 PDF"对话框,在"裁剪到"下拉列表中选择裁切方式,如图 1-2-17 所示。

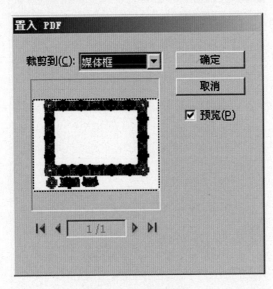

图 1-2-17　置入 PDF

　　设置完毕后,单击"确定"按钮,置入选择的对象。

4. 保存文档

　　在绘图和编辑图形时,要随时保存文档,可防止意外情况发生而造成文件丢失,用户可以根据自己的需要来选择不同的保存方式。

　　单击菜单命令"文件"→"存储为",打开"存储为"对话框,如图 1-2-18 所示。

图 1-2-18　保存文件界面

在该对话框中的"保存在"下拉列表框中,选择文件要保存的位置。然后设置要保存的文件名称以及要保存文件的类型,如图 1-2-19 所示。

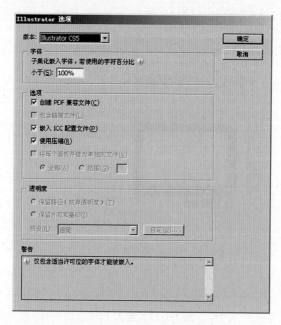

图 1-2-19　保存文件选项界面

注意:若是第一次存储文件,单击菜单命令"文件"→"存储",可打开"存储为"对话框;要在保留原文件的基础上保存一份与之相同的副本时,单击菜单命令"文件"→"存储副本"。

5. 关闭文件

当用户完成对当前文件的编辑后,需要关闭文件时,可以通过以下几种途径来完成。

保存文件后,单击文件窗口右上角的"关闭"按钮,或者单击菜单命令"文件"→"关闭",或按下 Ctrl+W 组合键,都可以将文件关闭。

当用户没有对文件进行保存就要将其关闭时,将会弹出一个提示框,询问用户是否保存更改后的文件,如图 1-2-20 所示,如果需要保存文件,单击"是"按钮;如果不需要保存,单击"否"按钮。

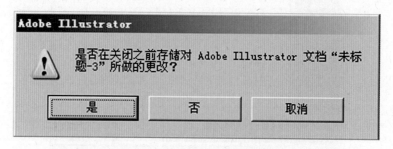

图 1-2-20　文件关闭前保存提示

本章小结

本章通过对数字插画应用基础的介绍,让读者初步了解了这一领域的工作。通过对 Illustrator 软件的界面、绘图工具、工作区域、文件属性等基础知识的讲解,使读者能够对 Illustrator 软件进行基础操作,为后续的课程打下坚实的基础。希望读者课后经常练习,真正达到熟练操作的程度。

课后练习

1. 通过对数字插画与矢量图的初步认识,分析商业应用中矢量图的拓展领域。
2. 练习操作 Illustrator,逐步认识软件的各种操作,达到熟练的程度。

2 图案设计

在前面的学习过程中，我们已经熟悉了 Illustrator 软件的基本操作，并且了解了该软件中各个工具的功能，那么接下来需要学习什么知识才能真正掌握这个多媒体软件工具呢？

就像学习其他任何一种新的艺术方法（例如：雕刻、水彩画）一样，学会使用 Illustrator 中的工具才只是起步。更重要的是，在观察与思考时，能够使用新的思维模式，让这些工具成为充满创造力的思想库的一部分。在决定制作一幅图像的最佳方式之前，必须想象出几种可能的方案。

2.1 图案元素设计

2.1.1 相关知识

1. 图案的结构特点

（1）图案的定义

图案教育家、理论家雷圭元先生在《图案基础》一书中，对图案的定义综述为："图案是实用美术、装饰美术、建筑美术方面，关于形式、色彩、结构的预先设计。在工艺材料、用途、经济、生产等条件制约下，制成图样，装饰纹样等方案的通称"。

《辞海》艺术分册对图案的解释："广义指对某种器物的造型结构、色彩、纹饰进行工艺处理而事先设计的施工方案，制成图样，通称图案。有的器物（如某些木器家具等）除了造型结构，别无装饰纹样，亦属图案范畴（或称立体图案）。狭义则指器物上的装饰纹样和色彩而言。"

在当代设计中，设计师可以通过应用软件轻松地设计出优秀的图案效果，同时结合软件的结构特点绘制出很多全新的样式，如图 2-1-1 所示。

图 2-1-1　图案各种样式

（2）商业图案的应用

在商业图案的制作学习中,主要针对图案的设计理念与制作方法进行全面介绍,操作技法的应用在本章中非常的重要。在练习的过程中创作思维的理解也需要逐渐建立起来,同时通过与案例的实际接触认识商业应用设计意识。在图 2-1-2 所示的设计中读者可以看到图案在商业包装中的应用。

图 2-1-2 图案在商业包装中的应用

在图形设计中,可以把非再现性的图形表现,都称为图案,包括几何图形、视觉艺术、装饰艺术等。在电脑设计上,我们把各种矢量图也称为图案。

可以说图案是与人们生活密不可分的艺术性和实用性相结合的艺术形式。生活中具有装饰意味的花纹或者图形我们也都称为图案。

图案根据表现形式可以分为具象和抽象两种。具象图案其内容可以分为花卉图案、风景图案、人物图案、动物图案等。抽象图案其内容是从众多的事物中抽取出共同的、本质的特征,而舍弃其非本质的特征。明确了图案的概念后,才能更好地学习和研究图案的法则和规律。图 2-1-3 所示为一种图案的装饰表现形式,不同效果的装饰元素在同一空间下形成了紧密的叠加关系,同时也可以看出色彩在装饰效果中起到了举足轻重的作用。

图 2-1-3 不同效果的装饰元素

（3）作品表现中线与面的图形构成概念

在设计的基础训练中，"构成"训练着重培养形象思维能力和设计创造能力，其单纯性表现在：摒弃功能、材料、工艺、造价等与设计相关的思考，而把注意力集中在造型能力的训练上。特别是通过抽象的形态体现形式美的法则，培养形象思维的敏捷性，反映现代人的审美理想。

①线的设计概念。在造型中，线具有较强的情感表现特点。通过不同的结构组合，在视觉上会产生很大的结构差异，比如线条的粗细会使人产生轻与重直接的感知，同时直线与波浪线的视觉效果也会使人产生不同心律节奏，通过线条的长度也可以使人在情感上联想到很多事物，如时间、运动轨迹等。长度是按点的移动量来决定的。除了移动量之外，点的移动速度也支配着线的情感表现特点。如图 2-1-4 和图 2-1-5 所示为直线和曲线在图案设计中的应用。

图 2-1-4　直线在图案设计中的应用

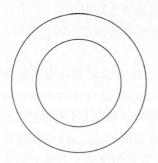 

图 2-1-5　曲线在图案设计中的应用

在 Illustrator 使用中，线的应用领域非常广泛，对线条的有效认知也是必要的学习环节。

②面的设计概念。面，在几何学中的含义是——线移动的轨迹，包括以下 4 种情况：

· 直线平行移动可形成矩形的面；
· 直线旋转移动可形成圆形的面；
· 斜线平行移动可形成菱形的面；
· 直线一端移动可形成扇形的面。

平面的形大体可以分为 4 类：即直线形、几何曲线形、自由曲线形和偶然形。

· 直线形的面。它具有直线所表现的性格特征。如正方形能呈现出一种安定的秩序感。在心理上具有简洁、安定、井然有序的感觉，是男性性格的象征。

· 几何曲线形的面。它是以严谨的数学方式构成的几何性质的面，比直线形柔软，有数理性的秩序感。特别是圆形，能表现几何曲线的特征。但由于正圆形过于完美，则有呆板和缺少变化的缺陷。而扁圆形,呈现出一种有变化的曲线形,比正圆形更具有美感。在心理上能产生一种自由整齐的感觉。

· 自由曲线形的面。它是不具有几何规律的曲线形。这种曲线形能较充分地体现出作者的个性,所以是最能引发人们兴趣的造型,它是女性特征的典型代表。

· 偶然形的面。它是以特殊方法构成的意外的形态,具有其他形态表现不出来的独特视觉效果。

在面的结构中我们可以很容易感受到结构的表现效果。从图 2-1-6 中,可以看到一个很有趣的现象,把同样的结构图形进行 180°旋转可以得到完全不同的结构效果。这种简单的结构称为光影反向构成。

图 2-1-6　光影反向构成

2. 流行图案元素设计

流行图案是实用和装饰相结合的一种美术形式,它把生活中的自然形象进行整理、加工、美化,使之更完美,更适合实际应用。系统地了解和掌握图案的基础知识和技能,不仅能提高对美的欣赏能力,而且还能在实际应用中创造美,得到美的享受。

（1）打开完成效果图

打开完成效果图,如图 2-1-7 所示。首先进行图案结构的整体分析,提炼图案结构特点,定义文件的基本色调,设定文件涉及的色值。在本任务的学习中主要学会渐变效果的应用。

图 2-1-7　流行图案元素设计完成效果图

（2）制作图案花纹

①新建一个 A4 大小、横向的绘图区，在高级选项中选择色彩模式为 RGB。

②选择图案中的放射性效果图案，将其拖拽至参考区域，锁定其图层。

③新建图层，选择渐变设置面板，设定渐变色条两端色彩效果，在本例中选择的色彩为左侧黄色（R：255；G：255；B：0），右侧红色（R：255；G：0；B：0），单击渐变类型下拉菜单，选择"径向"渐变效果。

④单击工具箱中的"椭圆形工具"，首先在绘图区中纵向拖拽出简单的椭圆形渐变效果。

⑤选中制作好的椭圆效果，同时按下 Alt 键进行垂直拖拽，拖拽至原图形下方，这时可以得到两个纵向同样的图形，再次选择制作出的图形进行复制与粘贴（原位粘贴），按下 Shift＋Alt 组合键进行 90°旋转，得到十字效果，如图 2-1-8 所示。

图 2-1-8　制作图案花纹

技巧提示：复制可以通过 3 种方式实现。按 Ctrl＋V 组合键复制粘贴；按 Ctrl＋B 组合键复制原位下一层粘贴；按 Ctrl＋F 组合键复制原位上一层粘贴。

（3）设计调整花瓣

①对制作好的花饰进行整体复制粘贴（原位粘贴），按下 Shift＋Alt 组合键进行 45°旋转，得到"米"字形效果。再次进行整体复制粘贴（原位粘贴），通过目测进行旋转，完成花卉图案。

②在图案已有效果基础上进行整体复制粘贴，根据完成效果图进行整体缩放，并进行渐变色彩调整使其表现出层次感，在本例中选择单纯的黄色进行背景叠加。

③适当缩放重复粘贴几次，最后得到完成效果图所示效果，如图 2-1-9 所示。

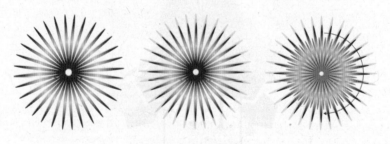

图 2-1-9　设计调整花瓣

技巧提示：按下 Shift＋Alt 组合键进行旋转，在旋转中只能进行 45°设置，如需高密度效果,可以通过目测进行旋转。

（4）调整花瓣整体色调

①在花式图案效果基本制作完成后,可以根据完成效果图的色彩关系进行整体调整,在本例中选择的色彩为左侧紫色(R:255;G:0;B:255),右侧深紫色(R:120;G:0;B:120),目的是为了更好地突出图案色彩效果的表现力,在这里可以选择"径向"渐变,对花朵进行色彩效果处理。

②添加背景衬托效果,设定渐变模式为"线性"渐变,选择"椭圆形工具"根据花饰样式结构,以图案效果中心为基点拖拽出花饰背景色彩效果,如图 2-1-10 所示。

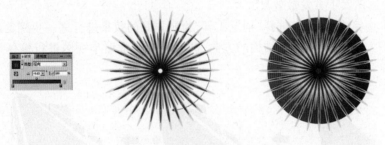

图 2-1-10　调整花瓣整体色调

技巧提示:在拖拽过程中,圆形效果会浮现在整个效果的顶端,可以使用 Ctrl＋[组合键逐步使圆形置于图案底部,如果向上调整可以使用 Ctrl＋]组合键。若要图形直接置底(或置顶),可以使用 Ctrl＋Alt＋[(或])组合键。

（5）设计发散的背景图案视觉效果

①选择图案中发散的背景图案,将其拖拽至参考区域,锁定其图层。

②选择"星形工具"绘制出三角形,选择"钢笔工具"中的"直接选择工具"调整三角的样式。

③选择"钢笔工具"根据本例完成效果图绘制出部分视觉效果,如图 2-1-11 所示。

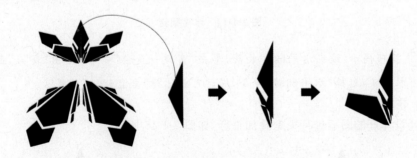

图 2-1-11　设计发散的背景图案视觉效果

技巧提示:在绘制三角形过程中可以直接选择"星形工具",单击空白处,会出现"星形工具"选项界面,选择角数为 3 可以得出三角形。

（6）绘制辅助效果

根据本例完成效果图进行图形延展绘制,在延展的整个过程中选择"钢笔工具"对图案的效果进行延展方向绘制,这种图形样式会逐渐丰富图案的整体视觉表现效果,如

23

图 2-1-12 所示。

图 2-1-12　绘制辅助效果

（7）绘制图案下方发散效果

根据本例完成效果图，选择"钢笔工具"为制作好的效果进行进一步视觉延展调整，绘制图案下方发散效果，注意结构的方向，同时需要经常缩小视图进行整体效果分析，如图 2-1-13 所示。

图 2-1-13　绘制图案下方发散效果

（8）水平翻转

选择设计好的图案进行水平翻转，得出放射性的表现效果，如图 2-1-14 所示。

图 2-1-14　水平翻转

技巧提示：设定水平翻转效果，单击"窗口→变换"命令，弹出"变换"面板，单击右侧下拉菜单，选择"水平翻转"命令，同时可以选择"垂直翻转"效果。

（9）叠加整合

选择设计好的图案进行视觉叠加整合，如图 2-1-15 所示。

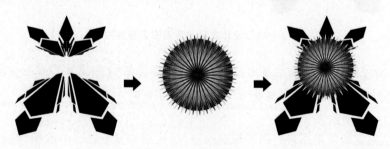

图 2-1-15　叠加整合

（10）制作辅助配色图案效果

①选择"星形工具"，在空白处双击，桌面上会弹出"星形工具"面板，设定半径 1 为"10 mm"；半径 2 为"11 mm"；角点数为"50"。设置完成后单击"确定"按钮，如果选择的是线的表现形式，就可以直接得出如图 2-1-16 所示中间图效果。

②进行原位复制粘贴，将复制出的图案进行等比缩放，在缩放过程中需要将线的表现效果转成面的表现效果，如图 2-1-16 所示。

图 2-1-16　制作辅助配色图案效果

（11）调整配色图案效果

①选择图案中复杂的星形正圆图案，将其拖拽至参考区域，锁定其图层。

②在制作好的星形叠加效果上进行效果调整，选择"椭圆形工具"，按 Shift＋Alt 组合键拖拽出正圆，将其叠加在制作完成的星形图案效果中的中心位置，选择第 4 项"差集"进行裁切，如图 2-1-17 所示。

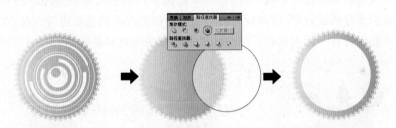

图 2-1-17　调整配色图案效果

技巧提示：裁切可通过选择"窗口→路径查找器→形状模式"命令，对图形进行裁切，在裁切的过程中有 4 种裁切选项，读者可以一一尝试，逐渐掌握裁切工具的使用。由于软件升级的要求，在 CS5 的版本中进行裁切都需要按住 Alt 键。

（12）裁切配色图案效果

①在裁切的过程中，可以根据图形样式的不同表现效果进行多种样式裁切，选择"椭圆形工具"，拖拽出正圆，进行复制原位粘贴，同时按下 Shift＋Alt 组合键对其进行原位缩放，选择第 4 项"差集"进行裁切，可以得出圆形环状效果。再选择"矩形工具"，拖拽至制作好的环状效果中，对两个效果选择第 2 项"减去顶层"进行进一步裁切，可以得出带缺口的圆形环状效果。

②在接下来的图形制作中将重复进行上一步的裁切效果绘制，读者需要认真观察本例的完成效果图从而达到预期的图案效果。绘制完成后可以复制多个图形，调整大小与色彩，用以进行后续的效果调整，如图 2-1-18、图 2-1-19 所示。

2.1　图案元素设计

25

图 2-1-18　裁切配色图案效果(1)

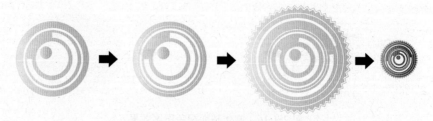

图 2-1-19　裁切配色图案效果(2)

技巧提示:在裁切过程中,可以直接选择线的表现形式,选择"对象→扩展"命令,对线的表现图形进行扩展,将线的表现形式转成面的表现形式,这样就可以进行裁切。

(13)调整整体效果

对制作完成的效果进行整理,在整体效果的调整过程中可以根据图形的可视化效果增加或者减少部分辅助效果,辅助效果的添加需要根据已有的色彩进行设定,在色彩的控制中要尽可能保持在一种主体色彩与两种辅助色彩的颜色体系内,如图 2-1-20 所示。

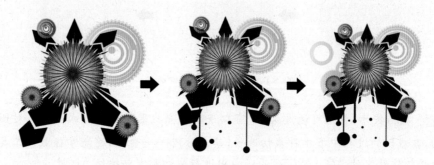

图 2-1-20　调整整体效果

2.1.2　背景图案设计

在当代商业设计中,背景图案的应用极为广泛,从家居到户外,从办公场所到商业中心,甚至在网络中这类设计无处不在,所以背景图案设计已经成为一门独立的设计种类。在这里我们根据软件的设计环境进行学习。

(1)打开完成效果图

打开背景图案完成效果图,首先分析文件的结构特点,再根据背景效果的整体色彩进行色彩效果分析,包括基本色调、色值结构和配色效果,如图 2-1-21 所示。

图 2-1-21　背景图案设计完成效果图

（2）设计花饰图案

①新建一个 A4 大小、横向的绘图区，在高级选项中选择色彩模式为 RGB。

②选择图案中花式效果图案，将其拖拽至参考区域，锁定其图层。

③新建图层，设定色值为浅蓝色（R：180；G：210；B：210），选择钢笔工具勾出简单的花瓣图案，对制作好的图案进行"复制→粘贴→水平反转"操作，移至对称的展开效果，如图 2-1-22 所示。

图 2-1-22　设计花饰图案

（3）花饰的细节设计

根据本例完成效果图进行图案花纹上部的绘制，在绘制过程中，可以选择"螺旋线工具"进行图案设计调整，如图 2-1-23 所示。

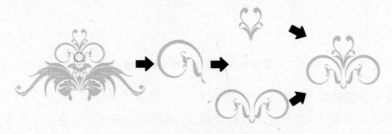

图 2-1-23　花饰的细节设计

技巧提示：选择"螺旋线工具"，单击空白处，出现"螺旋线工具"面板，调整段数，该参数可以控制螺旋整体长短，同时可以选择"钢笔工具"进行进一步的绘制。

（4）设计花饰底部的燕尾

花饰图案顶部调整完成后，根据本例完成效果图选择"钢笔工具"，进一步绘制花饰底部的燕尾图案，如图 2-1-24 所示。

图 2-1-24　设计花饰底部的燕尾

（5）合成花饰主体图案

整合调整好的花饰效果，根据本例完成效果图的整体方向进行调整，注意花饰的对称关系，逐步完善主体图案，如图 2-1-25 所示。

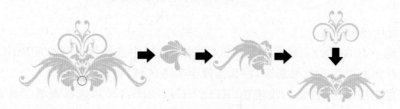

图 2-1-25　合成花饰主体图案

（6）设计花饰边缘效果

①设定色值为浅蓝色（R：192；G：204；B：193），选择"钢笔工具"，勾出简单的花瓣图案，在绘制过程中需要先勾出花式图案的左侧效果，再进行水平翻转。

②根据本例完成效果图，对小的点缀效果可以先进行 1/4 的图案绘制，再进行整合。整合过程中注意效果的对称性，如图 2-1-26 所示。

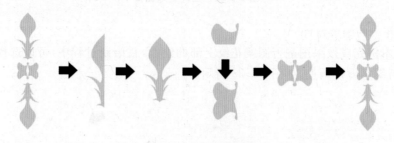

图 2-1-26　设计花饰边缘效果

（7）花饰合成效果

根据图案设计要求，进行整体对称排列，在排列的过程中应注意到上下左右的空隙关系，最终达到对称和谐的视觉效果，如图 2-1-27 所示。

图 2-1-27　花饰合成效果

（8）合成花饰主体与边缘

复制粘贴用以点缀的图案，合理调整图案的方向，合成主体与边缘的图案效果。在合成过程中需注意图案之间的间隔，如图 2-1-28 所示。

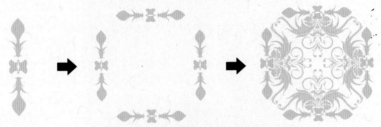

图 2-1-28　合成花饰主体与边缘

（9）设计花饰的点缀

参照本例完成效果图，选择之前绘制好的局部效果，重新进行排列，再选择"钢笔工具"勾出简单的补充图案，如图 2-1-29 所示。

图 2-1-29　设计花饰的点缀

（10）整合整体图案效果

参照本例完成效果图进行图案整合，在整合过程中需要进行合理的空间关系设置，如图 2-1-30 所示。

图 2-1-30　整合整体图案效果

技巧提示：在拼合的过程中可以尝试不同方向的排列，这样可以得出更多意想不到的视觉效果。

（11）最终图案效果

将图案整合后，新建图层，填充为土黄色（R：234；G：231；B：201），得到如图2-1-31所示的效果。

图 2-1-31　填充背景色后整体图案效果

2.2　手机用户界面(UI)设计

在现代生活中，伴随着手机应用的普及，手机主题已经成为生活中的一部分。当人们打开手机时，快捷、方便的主题设计即映入眼帘。手机主题的学习应从设计结构和产品市场定位入手，分析使用人群，确定基本色调与样式，再考虑结构的设计款式，逐渐确定手机主题的基本样式。在学习的过程中需要分析手机的功能设置，进行全面地学习制作。

2.2.1　手机主题制作

手机界面设计是手机应用领域的一部分，在产品竞争中扮演着重要角色。利用Illustrator进行手机主题设计并输出已经成为设计领域的共识。

手机 UI 设计流程

（1）手机主题设计成品

启动 Illustrator，执行"打开"命令，打开手机主题设计成品，如图2-2-1所示。

（2）新建文件

①新建一个宽度 320、高度 480 的绘图区，单位为像素，在高级选项中选择色彩模式为 RGB。

②选择手机 UI 设计效果，将其拖拽至参考区域，锁定其图层。

③新建图层，在新建的文档中添加蓝色主体色调的径向渐变，设定渐变色条两端色彩效果，在本例中选择的色彩为左侧浅蓝色（R：117；G：159；B：200），右侧蓝色（R：73；G：120；B：160），单击渐变类型下拉菜单，选择"径向"渐变效果。

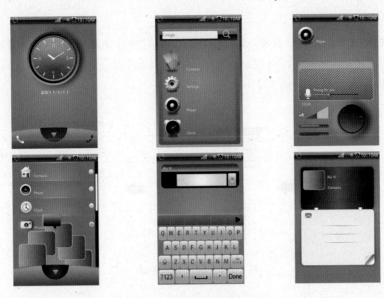

图 2-2-1　手机主题设计成品

④制作显示信息栏,设定浅灰色至深灰色效果渐变,在设定中需要对渐变色条进行添加设置,在中间部位添加一个浅灰色,在邻近部位添加深灰色效果,单击渐变类型下拉菜单,选择"线性"渐变效果,选择"矩形工具"拖拽出信息栏效果,如图 2-2-2 所示。

图 2-2-2　制作显示信息栏

(3) 分析显示信息栏图标

①制作显示信息栏图标,首先选择图标局部放大,认真观察效果。

②分析每个图标所应用的制作方式,如图 2-2-3 所示。

图 2-2-3　分析显示信息栏图标

（4）制作信号图标

利用"矩形工具"绘制长方形，单击长方形的同时按住 Alt 键复制一个图形，调整好位置后，单击"对象"→"混合"→"混合选项"命令，弹出"混合选项"面板，在间距下拉菜单中选择"指定的步数"，如图 2-2-4 所示。

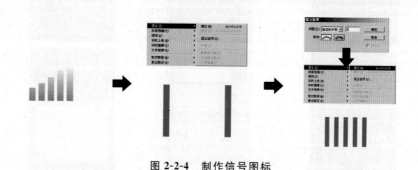

图 2-2-4　制作信号图标

（5）制作电池电量图标

①选择"圆角矩形工具"，单击空白处设置半径，绘制圆角矩形效果，在绘制完成后复制原位粘贴，缩小前移设置电池铜帽，绘制完成合成图片，进行线性渐变调整。

②对制作完成的效果进行复制粘贴缩放，调整到合适的大小，进行反向效果调整。

③在调整过程中，再次进行原位复制粘贴，选择"矩形工具"拖拽出矩形工具，这一步是用来裁切电池电量效果，选择"路径查找器"中的"减去顶部"，对两者进行裁切，重新设定渐变色彩，在本例中选择的色彩为左侧绿色（R：0；G：255；B：0），右侧深绿色（R：0；G：60；B：25），如图 2-2-5 所示。

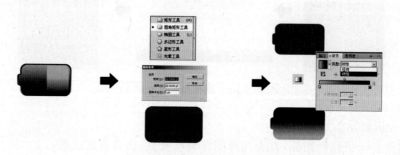

图 2-2-5　制作电池电量图标

（6）制作闹钟图标

①在制作中可以根据环境色进行色彩设定，在制作完成后再进行反向调整，在这里可以先设定黑色，选择"椭圆形工具"，按住 Alt 键拖拽出正圆形，进行原位复制粘贴，然后缩放，调整色彩为白色。

②选择"矩形工具"，拖拽出长方形，制作表针效果。

③选择"椭圆形工具"，按住 Alt 键拖拽出正圆，再进行复制粘贴，拖放至合适的位置，选择"路径查找器"中的"减去顶部"，对两者进行裁切，设计出铃铛的效果，再对其进行"水平翻转"，如图 2-2-6 所示。

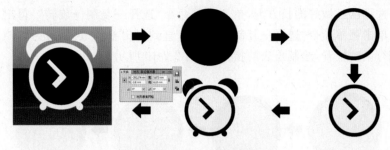

图 2-2-6　制作闹钟图标

（7）插入文字

选择"文字工具"，进行时间设置，如图 2-2-7 所示。

图 2-2-7　插入文字

（8）制作表

①绘制椭圆形图形，设置线性灰度渐变，复制原位上一层复制粘贴，旋转 180°，如图 2-2-8 所示。

图 2-2-8　制作表（1）

②对图片进行反复原位（顶层）复制粘贴，根据设计成品效果缩小图形，注意调试渐变的反向效果，制作出表的立体结构，如图 2-2-9 所示。

图 2-2-9　制作表的立体结构

③制作表针。选择"矩形工具"绘制长方形,单击菜单命令"复制→粘贴→平移",确定好位置,选择已经做好的长方形,单击菜单命令"选择→复制→旋转",得出十字效果图形,再次单击菜单命令"选择→复制→旋转",直到得出整体效果。选择"矩形工具",绘制长方形,调整位置,绘制出表的指针,如图 2-2-10 所示。

图 2-2-10　制作表针

④表的绘制完成后,设定背景渐变颜色。选择"椭圆形工具",按住 Alt 键拖拽出正圆,在此基础上选择菜单命令"效果→模糊→高斯模糊",调整衔接色效果,如图 2-2-11 所示。

图 2-2-11　设定背景渐变颜色

(9)制作电话接听键

①选择"椭圆形工具",拖拽出椭圆形,选择"路径查找器"中的"减去顶部"对两者进行裁切。

②裁切出灰度渐变的整体效果,利用渐变工具调整整体效果,如图 2-2-12 所示。

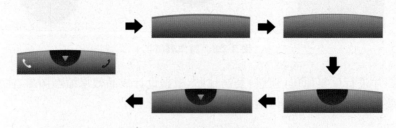

图 2-2-12　制作电话接听键

(10)分析手机网络 UI

在 UI 的制作过程中,手机上网界面的制作非常重要,同时此类设计也是新功能的视觉体现。读者可以对文件进行拆分,从细节上分析,如图 2-2-13 所示。

图 2-2-13 分析手机网络 UI

(11) 制作立方体图标选项

①绘制正方形立方体。首先设定渐变色彩,在本例中选择的色彩为左侧白色(R:0;G:0;B:0),微黄色(R:255;G:200;B:200),暗黄色(R:0;G:0;B:0),右侧褐色(R:240;G:210;B:45),单击渐变类型下拉菜单选择"径向"渐变效果。

②选择"矩形工具",按住 Alt 键拖拽出长方形,再选择"直接选择工具"进行立方体面的绘制,根据成品效果调整面的位置与形状,逐步添加立方体形状效果,适当地调整图片的透明度,如图 2-2-14 所示。

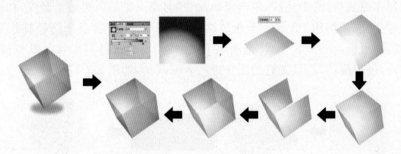

图 2-2-14 制作立方体图标选项

(12) 制作齿轮图标选项

①选择"星形工具",单击空白处,弹出"星形"面板,设置半径 1 为"8mm",半径 2 为"18mm",角点数为"12",单击"确定"按钮,在工作窗口会弹出星形形状。

②选择"椭圆形工具",按住 Alt 键拖拽出正圆,将两个形状叠加在一起进行裁切,选择"路径查找器"中的"交集"切出齿轮形状。

③选择"椭圆形工具",按住 Alt 键拖拽出正圆,将两个形状叠加在一起,缩放调整至成品效果,再进行反复地复制粘贴,调整渐变已达到成品显示效果,如图 2-2-15 所示。

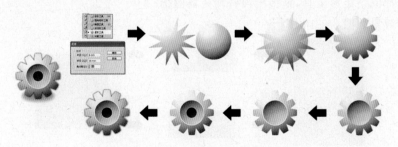

图 2-2-15 制作齿轮图标选项

（13）制作手机音乐 UI 中的竖纹

①音乐界面设计中，主要介绍竖纹的制作，在此功能应用中主要利用"混合选项"进行竖纹制作。首先选择"矩形工具"，拖拽出细长的长方形，按住 Alt＋Shift 组合键复制并平行拖拽至需要结尾的效果处。

②选中设置好的两根垂直线条，选择菜单命令"对象→混合→混合选项"，调整间距为"指定的步数"，在其后的空白处输入插入线条数量，单击"确定"按钮，即可出现所需要的效果，如图 2-2-16 所示。

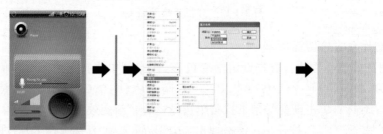

图 2-2-16　制作竖纹

（14）侧纹的裁切与应用

竖纹制作完成后，选中竖纹，单击菜单命令"对象→扩展"，再右击竖纹，在弹出的快捷菜单中选择"取消编组"命令。全选竖纹，单击菜单命令"窗口→路径查找器"，弹出"路径查找器"面板，在"形状模式"选项组下，按住 Alt 键选择与形状区域相加，得出完整竖纹图片，进行旋转，与设置好的图片进行合成裁切，如图 2-2-17 所示。

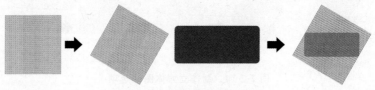

图 2-2-17　侧纹的裁切与应用

（15）制作手机音乐 UI

①选择"椭圆形工具"，按住 Alt 键拖拽出正圆，并且给它填充线性渐变。

②调节渐变以使浅的部分在渐变下侧，在制作的过程中需要反复粘贴缩放，在制作过程中需要进行反向渐变的调整。

③选择复制圆形缩小，移至右侧设定立体按钮效果。

④同竖纹制作方法，设计音量大小图标。

⑤选择圆角矩形工具，拖拽出声音均衡器图标。

最后效果如图 2-2-18 所示。

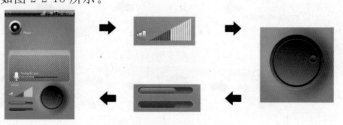

图 2-2-18　手机主题设计

（16）制作手机功能选项 UI

如成品效果所示，手机 UI 的应用分类非常多样，可以根据效果所示样式进行制作，如图 2-2-19 所示。

图 2-2-19　制作手机功能选项 UI

（17）制作手机信息 UI

①这里主要介绍三角形圆角的制作。首先绘制三角形，从工具面板中选择"星形工具"，并且在页面中单击，出现"星形"对话框，设置角点数为"3"，单击"确定"按钮即可绘制出一个三角形。

②用选择工具将星形向右旋转 90°。选择菜单命令"滤镜→风格化→圆角"，将三角形的圆角设置为"8 px"。在"变换"面板中设置宽为"36 px"，高为"41 px"。如图 2-2-20 所示。

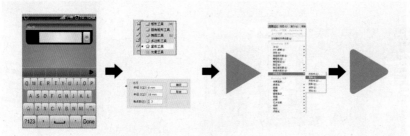

图 2-2-20　制作手机信息 UI

本章小结

本章通过实例操作，对图案设计进行了有效的学习，在手机 UI 的学习中使大家对商业案例有了初步的了解，这样也为后续的课程打下坚实的基础，希望读者在课后的练习中认真分析其中的知识点，真正达到熟练操作的程度。

课后练习

1．使用 Illustrator 中的基本创作工具，独立设计图案效果。

2．按照手机 UI 的制作标准，制作一套手机 UI。

企业视觉识别系统

　　视觉识别设计具有强大的传播力和感染力,很容易被公众接受,具有重要意义。如图 3-0-1 所示图像中可以看出我国很多全球性企业在国内外优秀的企业形象,这些企业运用视觉识别系统向全球展示着高速发展中的企业形象。

　　在本章的学习中,通过对企业视觉识别系统的认识,分析视觉识别系统在现代企业当中的应用,进一步了解符号图形的商业行为与意义。重点掌握以标志、标准字和标准色为核心展开的完整的、系统的视觉表达体系。本章难点在于将企业理念、企业文化、服务内容、企业规范等抽象概念转换为具体符号,塑造出独特的企业形象的内涵。

图 3-0-1　企业视觉识别系统

3.1　企业视觉识别系统概述

1. 企业形象识别系统概述

　　企业视觉识别系统业内称为 VI,是企业形象识别系统(Corporate Identity System,CIS)的组成部分。CIS 的主要含义是:将企业文化与经营理念统一设计,利用整体表达体系(尤其是视觉表达系统)传达给企业内部与公众,使其对企业产生一致的认同感,以形成良好的企业印象,最终促进企业产品和服务的销售。

　　CIS 的意义:对内,企业可以通过企业形象设计对其办公系统、生产系统、管理系统以及营销、包装、广告等宣传形象形成规范设计和统一管理,由此调动企业每个职员的积极性和归属感、认同感,使各职能部门能各司其职、有效合作;对外,通过一体化的符号形式来形成企业的独特形象,便于公众辨别、认同企业形象,促进企业产品或服务的推广。

CIS的具体组成部分包括:理念识别(Mind Identity,MI)、行为识别(Behavior Identity,BI)、视觉识别(Visual Identity VI),如图 3-1-1 所示。其核心是 MI,它是整个 CIS 的最高决策层,给整个系统奠定了理论基础和行为准则,并通过 BI 与 VI 表达出来。所有的行为活动与视觉设计都是围绕着 MI 这个中心展开的,成功的 BI 与 VI 就是将企业的独特精神准确表达出来。

图 3-1-1　企业形象识别系统

(1) MI

MI是指确立企业自己的经营理念,企业对目前和将来一定时期的经营目标、经营思想、经营方式和营销状态进行总体规划和界定。

MI 的主要内容包括:企业精神、企业价值观、企业文化、企业信条、经营理念、经营方针、市场定位、产业构成、组织体制、管理原则、社会责任和发展规划等。

(2) BI

置于中间层的 BI 则直接反映企业理念的个性和特殊性,是企业实践经营理念与创造企业文化的准则,对企业运作方式所做的统一规划而形成的动态识别系统。包括对内的组织管理和教育,对外的公共关系、促销活动、资助社会性的文化活动等。通过一系列的实践活动将企业理念的精神实质推展到企业内部的每一个角落,汇集起员工的巨大精神力量。

BI 对内包括:组织制度、管理规范、行为规范、干部教育、职工教育、工作环境、生产设备和福利制度等;对外包括:市场调查、公共关系、营销活动、流通对策、产品研发和公益性、文化性活动等。

(3) VI

VI 应用主要用以表现企业的文化特色与公司属性,通过一系列的视觉效果展现企业的核心形象。

VI 基本要素包括:企业名称、企业标志、企业造型、标准字、标准色、象征图案、宣传口号等。

应用系统：产品造型、办公用品、企业环境、交通工具、服装服饰、广告媒体、招牌、包装系统、公务礼品、陈列展示以及印刷出版物等。

2. 认识与学习企业视觉识别系统

在企业视觉识别系统结构的分析过程中，要针对企业结构的基本内容进行细致的研究，分析企业特色，明确企业结构特点；分析企业视觉识别系统的表现形式，通过点对点的形式结构，综合地掌握视觉识别系统，从而达到应用的目的。

对于企业视觉识别系统的掌握，是当代设计师必备的一种基本能力，在学习的过程中需要对视觉识别系统进行系统的研究与了解，重点需对企业要有更深的认知，了解企业的结构体系，认识视觉识别系统在企业运营中的表现方法，通过案例的表现形式掌握企业视觉识别系统的操作。

3.2　企业标识分析与制作

本节以 YX 投资公司标识的分析与制作为例，学习相关知识和操作。

3.2.1　企业结构分析

在制作前要先了解企业的相关背景和发展思路，这样才能进行 VI 系统的整体设计。

（1）企业背景

企业名称：YX 投资公司

经过 10 年的稳健发展，YX 投资公司在国内地产界已处于领袖地位。未来 3 年内公司将保持年均 30% 的跨越式增长，3 年后实现销售额过百亿。

（2）企业口号

构建国际品质·营造主流生活

（3）企业发展方向

①由提供住宅产品上升到引领生活模式。

②立足向国际名企迈进，区别于传统投资企业。

③由产品服务升级提高到生活创新模式。

3.2.2　企业视觉识别系统制作

1. 标志设计

结合房地产行业属性进行分析，设定标志色彩属性。设计要求简约、大气、利于推广，时尚但不失传统元素。标志设计为图形加文字，符合品牌国际化的原则。

（1）企业图案标志

①图案效果。企业图案标志设计效果如图 3-2-1 所示。

本标志图案的创意来源于现代建筑结构，在自然条件下与光影结构结合的效果，利用简约的渐变表现出建筑光影结构与行业结构特征，直观地呈现了房地产的行业属性。

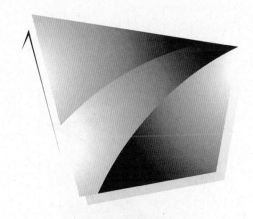

图 3-2-1　企业图案标志

　　整个标志呈光线流动结构属性,既有很强的运动感,又具有良好的稳定性。象征房地产的灵活、稳健和不断发展。几何形体穿插的整体架构,暗含光影写意的中国传统,象征着 YX 投资公司的依法和规范经营以及周到的服务。

　　设计中的象形图案,就如现代雕塑,寓意 YX 投资公司在房地产行业体制改革中的先锋角色,及其对房地产行业发展所起的推波助澜的作用。

　　②标准字效果。标准字设计效果如图 3-2-2 所示。

YX Investment **YX投资公司**
companies

图 3-2-2　企业名称标准字体(中英)

　　③标准色设定。标准色设计效果如图 3-2-3 所示。

图 3-2-3　企业标准色

色彩径向渐变:
C:0　M:0　　Y:0　　K:0
C:0　M:0　　Y:100　K:0
C:0　M:100　Y:100　K:0
黑色:
C:0　M:0　　Y:0　　K:100

　　(2) 标志定位图

　　标志为机构形象的主要载体,也是整个企业形象识别系统的核心。为达到整个视觉效果的统一,使标志在任何场合都能清晰、完整再现,对标志图案各要素及其细节的标准化是必需的。在再生应用中,必须严格按照标准化制图规定进行。

　　本标志为一有机整体,图案及比例都是经过精心设计而统一的,不允许任何分解和变形使用,如图 3-2-4 所示。

图 3-2-4　标志的标准定位图

设计中数值均为比例,即数值后无相关单位,可任意加入单位按比例放大或缩小。Logo 的所有曲线均使用椭圆作严格规范,以避免缩放中出现不规则变形。

考虑到制作的清晰度和图形、文字传达的准确性,本标志的最小使用极限宽度为6mm。由于负形的白色部分会显细,因此负形最小使用极限宽度为 6.5mm。

本标志的空间使用范围:在一般情况下,标志放置在任何平面上时,与四边的距离不得小于标志高度的1/3。

(3) 正形与负形设计

在不同的底色环境下,标志可以有正形和负形两种形态,以适应尽可能多的展示环境。但无论是正形还是负形,它们的视觉形态都应是统一的,这样它们的信息符号和色彩特征才能完整、准确地传达给受众,避免因符号、色彩的不稳定造成企业形象传达和记忆的混乱。

由于应用时底色环境的变换,在视觉上可能造成不同的效果。为保证整个机构形象传达的统一效果,在 Logo 正负形运用时就需要对它进行一些细节微调。当 Logo 的实际高度大于 1.5m 时,如果要做负形应用,则负形 Logo 的尺寸应缩至正形标准尺寸的 95%,如图 3-2-5 和图 3-2-6 所示。

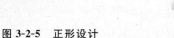

图 3-2-5　　正形设计

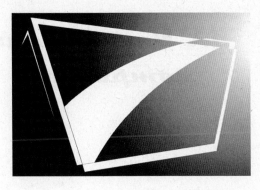

图 3-2-6　负形设计

（4）图案标志和标准字定位图

CIS 中的专用字体，是指在整个识别沟通活动中，由统一的文字信息形式来表达的专用字体。在整个形象识别系统中，它是一种强化象征功能的视觉信息要素。例如，企业名称的中、英文字体为专用字体，是与企业标志相协调、统一的专用印刷字体，经精心修饰处理而成。由于整个 Logo 是一个完整的图案，所以它的中、英文名称部分也不是普通的文字形式，而是一种可按比例进行缩放的图案，其字符间距、长宽比例等都是预设好的。只要设定了整个 Logo 的大小，行名的字符间距便会自动设定，从而确保整个视觉效果的统一。

本例中图案标志和标准字定位图效果如图 3-2-7 所示。

图 3-2-7　图案标志和标准字定位图

（5）图案标志与文字合成效果

Logo 与中文合成效果如图 3-2-8 所示。

图 3-2-8　Logo 与中文合成

Logo 与英文合成效果如图 3-2-9 所示。

图 3-2-9　Logo 与英文合成

2. 色彩系统

（1）标准色

标准色效果如图 3-2-10 所示。

图 3-2-10　标准色

标准黑色效果如图 3-2-11 所示。

图 3-2-11　标准黑色

标准色就是将特定的色彩经评估、对比确定为机构的专用色。其目的是将企业的理念体现在视觉上，将之强化以达到更强大的感召力。

（2）特殊情况下的颜色使用

当底材为硬质金属表面，或是背景采用灰色、银色、金色印刷，或是采用烫金烫银制作时，可采用特种专色制作，如图 3-2-12 所示。

图 3-2-12　特殊情况下的颜色使用

3. 办公系统

（1）名片制作

名片效果如图 3-2-13 所示。

①规格：普通型 90×54(mm)。

②材质：200 克白卡纸，双面印刷。

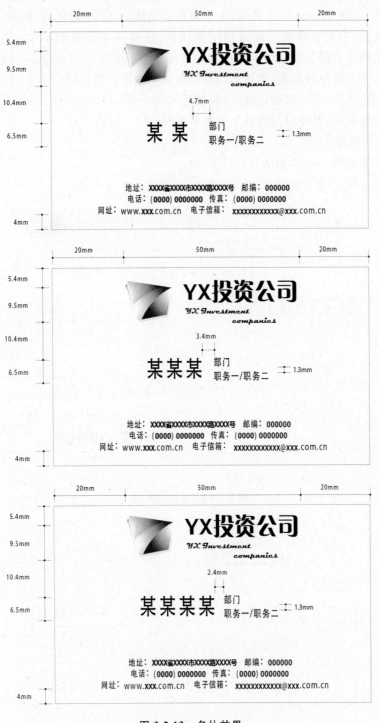

图 3-2-13 名片效果

　　③部门及职务栏:中文字体为 9 磅汉仪中等线简,字宽为原字体的 80%,黑色,字距为 100,行距为 10 磅;英文字体为 10 磅 Times,字宽为原字体的 80%,黑色,字距为 50。

④姓名栏:中文字体为 18 磅汉仪中黑简,字宽为原字体的 80%,黑色,字距为 100;英文字体为 16 磅 Times New Roman,字宽为原字体的 80%,黑色,字距为 50。

⑤地址栏:中文字体为 7 磅汉仪中等线简,字宽为原字体的 80%,黑色,字距为 100;英文字体为 7 磅 Times New Roman,字宽为原字体的 80%,黑色,字距为 50。

⑥名片下半部分的元素(除姓名、职务)按以下顺序排列:地址、邮编、电话、手机、私人电话、传真、网址、电子邮箱,这些内容的字号为 7 磅,行距为 10。根据具体需要,如出现无职务的名片,则部门与姓名上下居中排列。

(2) 信封制作

信封效果如图 3-2-14 和图 3-2-15 所示。

①规格:230×120(mm)。

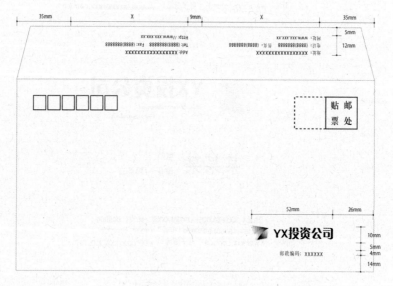

图 3-2-14　总公司信封

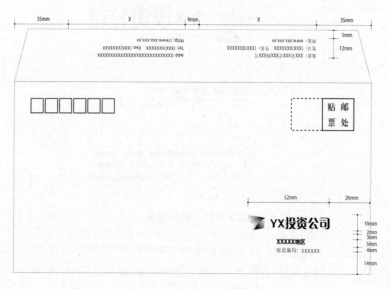

图 3-2-15　地区公司信封

②材质:105克双胶纸。

③邮政编码线框:国家标准金红色。

④邮票框:国家标准蓝色。

⑤邮编栏:字体为12磅汉仪中等线简,字宽为原字体的80%,黑色,字距为100。

⑥区域公司栏:字体为8磅汉仪中等线简,字宽为原字体的80%,灰色,字距为100。

⑦地址栏:中文字体为9磅汉仪中等线简,字宽为原字体的80%,黑色,字距为100;英文字体为9磅Times New Roman,字宽为原字体的80%,黑色,字距为180。

(3) 信纸制作

信纸效果如图3-2-16所示。

①规格:普通型210×297(mm)。

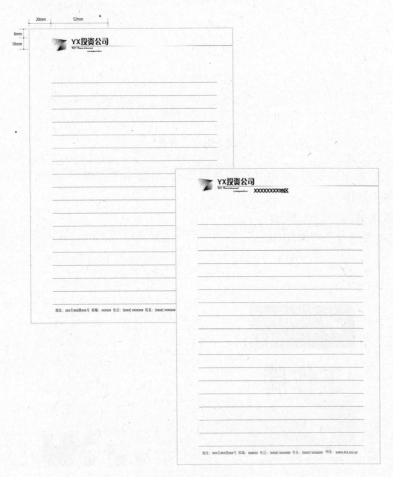

图3-2-16 信纸

②材质:80克双胶纸或40克单面光纸,不得使用40克以下纸张。

③地址栏:字体为10磅汉仪中等线简,字宽为原字体的80%,黑色,字距为100。

④区域公司栏:字体为10磅汉仪中黑简,字宽为原字体的80%,灰色,字距为500。

当地址栏字数过长时,可将其字距视需要适量缩减,但其最小值不得低于50。

（4）传真制作

传真效果如图 3-2-17 所示。

规格：普通型 210×297（mm）。

图 3-2-17　传真

当地址栏数字过长时，可将其字距适量缩减，但最小不得低于 50。

（5）胸卡制作

胸卡效果如图 3-2-18 所示。

①规格：普通型 105×70（mm）。

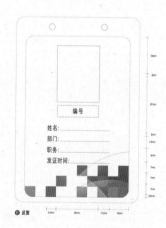

图 3-2-18　胸卡

②封套材质：软 PVC。

③卡片材质：200 克白卡纸。

④吊带绳材质：圆形或扁形的彩色尼龙带。

⑤工作牌:字体为 62 磅汉仪中黑简,字宽为原字体的 80％,蓝色,字距为 100。

⑥编号栏:字体为 12 磅汉仪中黑简,字宽为原字体的 80％,黑色,字距为 100。

⑦标注栏:字体为 10 磅汉仪中等线简,字宽为原字体的 80％,黑色,字距为 10。

⑧姓名栏:字体为 12 磅汉仪中等线简,字宽为原字体的 80％,黑色,字距为 50。

⑨部门名称栏:字体为 12 磅汉仪中等线简,字宽为原字体的 80％,黑色,字距为 50。

⑩职务栏:字体为 12 磅汉仪中等线简,字宽为原字体的 80％,黑色,字距为 50。

⑪发证时间栏:字体为 12 磅汉仪中等线简,字宽为原字体的 80％,黑色,字距为 50。

注意:编号栏内容不得超出红色虚线框,编号字色则以印刷为准。

（6）纸制文件夹制作

文件夹效果如图 3-2-19 和图 3-2-20 所示。

Ⓐ 封面

图 3-2-19　文件夹封面

Ⓑ 内页

图 3-2-20　文件夹内页

①规格:220×310(mm)。

②材质:250克铜版纸。

③地址栏:中文字体为15磅汉仪中等线简,字宽为原字体的80%,字距为100,行距为21;英文字体为9磅的 Times New Roman,字宽为原字宽的80%,字距为100。

（7）手提袋制作

长手提袋效果如图3-2-21所示。

①规格:280×385×100(mm)。

图 3-2-21　长手提袋

②材质:250克铜版纸。

③地址栏:中文字体为12磅汉仪中等线简,英文字体为12磅的 Times New Roman,字宽为原字体的80%,字距为100,行距为17。

宽手提袋效果如图3-2-22所示。

①规格:325×280×80(mm)。

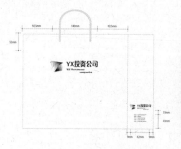

图 3-2-22　宽手提袋

②材质:250克铜版纸。

③地址栏:中文字体为12磅汉仪中等线简,英文字体为12磅的 Times,字宽为原字体的80%,字距为100,行距为17。

（8）文件架制作

文件架效果如图3-2-23所示。

注意:组合在任何应用中,不得小于使用极限(标志宽度不得小于6mm)。

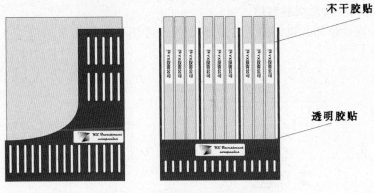

图 3-2-23　文件架

（9）笔、尺、笔筒制作

笔、尺、笔筒效果，如图 3-2-24 和图 3-2-25 所示。

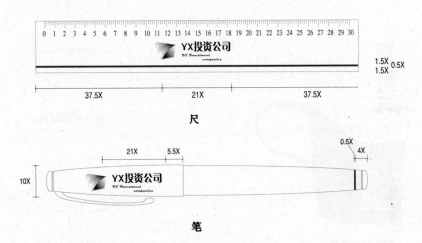

图 3-2-24　笔、尺

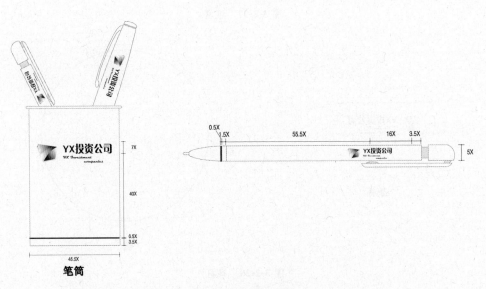

图 3-2-25　笔、笔筒

（10）茶具、一次性纸杯制作

茶具、一次性纸杯效果如图 3-2-26、图 3-2-27 和图 3-2-28 所示。

茶壶　　　　　　　茶壶盖顶视

图 3-2-26　茶具

杯托立体效果　　　　一次性纸杯立体效果

图 3-2-27　纸杯

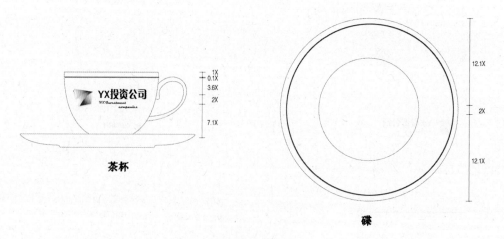

茶杯　　　　　　碟

图 3-2-28　茶杯

4.公共系统

(1)车身标志制作

材质:喷(烤)漆或采用计算机切割即时粘贴制作。

标志与标准字组合定位如图3-2-29所示。车身色彩定位如图3-2-30所示。

图 3-2-29　汽车车身标志定位

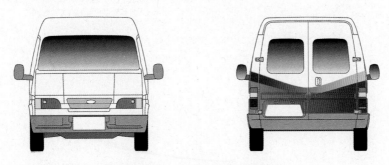

图 3-2-30　汽车车身色彩定位

(2)报纸整版制作

常规报纸尺寸如下,可根据实际情况选用。

①大报整版:350×480(mm)

②小报整版:223×335(mm)。

报纸整版效果如图3-2-31所示。

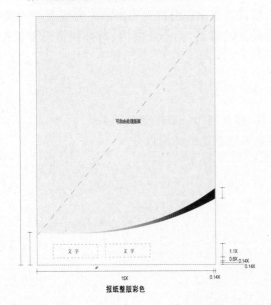

报纸整版彩色

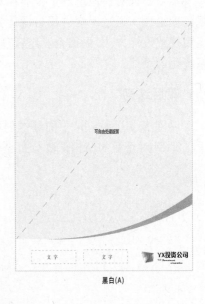

黑白(A)

图 3-2-31　报纸整版效果

53

实际应用中,弧线造型不得做任何改动,原则上弧线位置也不得做改动。

如果确实需要调整弧线位置与画面的比例,弧线可以上下整体平行移动,设位置部分高度为 A,整个版面高度为 B,则 $1:3 > A:B > 1:8$。在同一批设计或系列设计稿画面上,还需注意文字与画面的比例要保持一致。

（3）宣传折页制作

规格:普通型 210×297(mm),如图 3-2-32 所示。

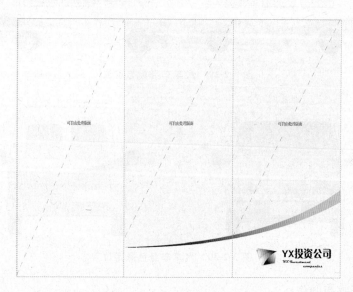

图 3-2-32　宣传折页

本章小结

本章有针对性地讲解了企业视觉识别系统,结合了多种专业设计课程内容,具有较强的理论性。通过课堂讲授与设计实践,使读者正确理解视觉识别系统的概念,并能够运用现代设计方法,根据企业经营理念与发展的需要,为企业对内、对外视觉形象进行系统化的设计。

课后练习

1. 使用 Illustrator 中的基本创作工具,独立制作一套视觉识别系统。
2. 针对企业的结构认真分析企业视觉识别系统的结构成分。

4

商业包装设计

在现代设计中,包装设计即指选用合适的包装材料,运用巧妙的工艺手段,为包装商品进行的容器结构造型和包装的美化装饰设计。在本章的学习中,主要针对商业包装的定位,设置包装的标准尺寸,制作包装的平面展开图,制作包装的立体效果图。

包装是品牌理念、产品特性、消费心理的综合反映,它直接影响到消费者的购买欲,如图 4-0-1 和图 4-0-2 所示的产品展示,是当代产品包装的典型视觉效果,读者可以在产品的视觉体现中充分感受到品牌的力量。

图 4-0-1　商业包装设计(1)

图 4-0-2　商业包装设计(2)

4.1　商业包装设计概述

1. 包装设计

（1）外形视觉设计

外形要素就是商品包装的外形，包括展示面的大小、尺寸和形状。日常生活中我们见到的形态有三种，即自然形态、人造形态和偶发形态。但我们在研究产品的形态构成时，必须找到适用于任何性质的形态，即把共同的规律性的东西抽出来，称之为抽象形态。

在考虑包装设计的外形要素时，还必须从形式美法则的角度去认识它。按照包装设计的形式美法则结合产品自身功能的特点，将各种因素有机、自然地结合起来，以求得完美统一的设计形象。

（2）产品的设计构图

构图是将产品包装展示面的商标、图形、文字和组合排列在一起的一个完整的画面。以图 4-1-1 所示图片为例，展示了若干产品通过这四方面的组合，构成包装的整体效果，同时也诠释了产品在市场中品牌的视觉定位。

图 4-1-1　商业包装设计(3)

2. 材料在设计中的应用

商品包装所用材料表面的纹理和质感往往影响到商品包装的视觉效果。利用不同材料的表面变化或表面形状可以达到商品包装的最佳效果。包装用材料，无论是纸类材料、塑料材料、玻璃材料、金属材料、陶瓷材料、竹木材料，还是其他复合材料，都有不同的质地肌理效果。图 4-1-2 所示图片中展示了产品运用不同材料，并妥善地加以组合配置，可给消费者以新奇、冰凉或豪华等不同的感觉。材料要素是包装设计的重要环节,它直接关系到包装的整体功能和经济成本、生产加工方式及包装废弃物的回收处理等多方面的问题。

图 4-1-2　商业包装设计(4)

4.2　功能饮料易拉罐包装设计

包装是产品造型设计的核心内容,涉及的范围很广。在开始设计包装之前要了解产品的性能、特点、优势,以及厂家的相关背景。

1. 设计前序

"L1 功能饮料"是当前国内饮料市场上新兴的饮料产品,具有广阔的市场前景,与其他饮料相比,运动饮料在新产品的开发及推广上,具有独特性。不断探索运动饮料新产品的开发及推广策略,对企业的发展十分重要。

饮料容器采用铝箔易拉罐。厂商要求要让顾客通过易拉罐包装就能很快了解包装内产品的属性和特征,同时能够在商场专柜陈列中达到较好的视觉效果。

(1)产品定位

目前有汽水碳酸饮料,还有橙汁、水蜜桃等果汁产品,而运动饮料并没有像汽水、果汁及其他产品那样深入人们的心中,因此要以品牌的形象来做广告。

现在人们注重身体健康,营养的意识不断增强。碳酸饮料热量过高,高强度的工作也会给我们带来很多身体上的不适。运动饮料产品更容易在消费者心里建立"健康"的形象,渐渐得到消费者的认可。运动饮料的潜在消费者还有很多,所以现在需要在大众心里把品牌树立起来,扩大知名度。

(2)创作思路

为了使包装的画面更具可视性和号召力,在主视面的设计中利用较大的空间来安排产品或加工原料的精美图片,以诱人逼真的形象来增强其真实性和可信度,帮助消费者尽快了解和熟悉包装内的产品属性和特征。清新的色彩、冲击力很强的视觉效果、蓝色的基调、错落有序的构图突出了要表达的主题。画面的对比强烈、图文清晰,具有很强的视觉冲击力和货架竞争力。

(3)印刷思路

易拉罐印刷有两种不同方法。一种是制罐完成后印刷,另一种是先进行印刷再制罐。本例运动饮料易拉罐的印刷采用先制罐后印刷的方法,被称为曲面印刷,也叫干式胶版印刷,是用四色版(黄、红、青、黑)及普通金属加工油墨进行印刷。易拉罐印刷利用网点版进行彩色套印,将所要印的颜色依次置于橡胶布上,然后通过转轮,再将各种颜色依次转印到易拉罐上,如图 4-2-1 所示。设计和制作菲林版时的工序跟其他纸品印刷是相同的。

图 4-2-1　印刷前易拉罐

铝制易拉罐的印刷工序一般为:铝制成型→涂罩光漆→干燥→印刷→干燥→涂罩光漆→干燥→密封制罐完成。

(4)设计流程

易拉罐包装的制作流程大致为:设计构思→印前准备→设计初稿→定稿→印前电脑制作菲林→制造印刷版→成批印刷装箱成品。设计人员能完成的任务就是从设计初稿到印刷前的制作。

(5)设置包装的标准尺寸

355ml 易拉罐标准尺寸如下所示。

355ml 易拉罐	上圆台	上底直径	59	盖厚	0.30	
		下底直径	65			
		高度	12	上圆台侧面厚	0.17	
		直径	65			
	正圆柱	高度	104	壁厚	0.10	
	下圆台	上底直径	50	底厚	0.30	
		下底直径	65			
		高度	8	上圆台侧面厚	0.30	

2. 易拉罐包装制作

（1）最终效果

功能饮料易拉罐包装的整体视觉效果如图 4-2-2 所示。

图 4-2-2　功能饮料易拉罐包装

（2）设计图展开效果

功能饮料易拉罐包装的印刷彩图平面设计效果如图 4-2-3 所示。

图 4-2-3　功能饮料易拉罐包装的印刷彩图展开效果

（3）尺寸和背景设定

①已知易拉罐印刷彩图的高 120 mm、直径 67 mm，根据圆周长的计算公式：直径×π，可得圆周长为 210 mm。在设置印刷尺寸时必须在原尺寸的基础上预留 3 mm 的出血位。这样，最终设置的尺寸就应该是宽度（W）216 mm，高度（H）126 mm。

②新建横向的绘图区，在弹出的"新建文档"对话框中设置宽度为 21.6 厘米，高度为 12.6 厘米，分辨率为 300 像数/英寸，颜色模式为 CMYK，背景色为白色。

③根据设计要求定位色彩为蓝色基调，以渐变色效果进行视觉调整，色彩为左侧白色（C：0；M：0；Y：0；K：0），中间蓝色（C：100；M：0；Y：0；K：0），右侧蓝色为主带品红调

性（C:100；M:80；Y:0；K:0），类型选择"径向"渐变，如图4-2-4所示。

216mm

3mm 出血

126mm

图 4-2-4　尺寸和背景设定

（4）制作标题文字

根据要求进行包装标题文字设计，在设计过程中可以选择产品名称作为设计的思路来源。在设计中可以利用字体叠加效果合成标题效果，在合成过程中需要对文字"字体"进行严格的筛选，以达到更好的视觉效果。

本例设计文字可以选择单色渐变，色彩为左侧淡蓝色（C:30；M:0；Y:0；K:0），右侧蓝色（C:100；M:0；Y:0；K:0），如图4-2-5所示。

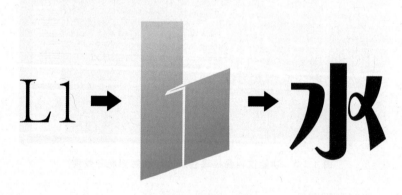

图 4-2-5　标题文字设计

（5）合成标题文字

①合成已完成的标题效果，在合成过程中需要对文字进行整体效果的裁切处理。

②选择"文字工具"设定文字的辅助标题，在字体选择完成后，可以将文字进行"扩展"处理，这样可以进行色彩渐变的效果叠加，合成的过程中可以选择原位（底层）复制粘贴，适当加深文字色彩，同时适当移动文字深色实现体积感的表现，如图4-2-6所示。

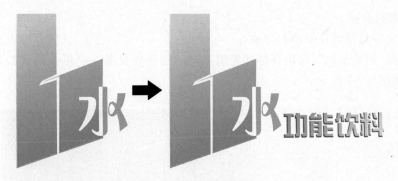

图 4-2-6　合成标题文字

（6）标题文字外延设计

可以进行外延效果的设计，此类设计在品牌的展示效果中可以更好地提升视觉效果。

①选择"椭圆形工具"，按住 Alt 键拖拽出正圆，调整其透明度为 60％，用以体现水泡的效果。

②对标题进行点缀设计，复制粘贴并缩放水泡的效果将其摆放至合适位置，如图 4-2-7所示。

图 4-2-7　标题文字外延设计

（7）制作水滴效果

①选择"钢笔工具"，勾出水滴效果的外形，选择径向渐变对水滴效果进行立体叠加，水滴在制作过程中色彩应用较为复杂，需要读者在制作过程中将范例文件拆分进行效果研究，整理色彩效果。

②将水滴效果点缀在文字周围，并将部分文件进行缩放，已达到更好的视觉效果，如图 4-2-8 所示。

图 4-2-8　制作水滴效果

（8）素材合成

①将文字与背景效果进行合成。

②选择"钢笔工具"，勾出标题外轮廓，选择"路径查找器"→"形状模式"，对背景进行裁切，如图 4-2-9 所示。

图 4-2-9 素材合成

（9）视觉效果搭配

选择"钢笔工具"，勾出饮料倒出倾泻的效果，用以表现饮料的在入口时的凉爽口感。在制作过程中需要对范例进行拆分，进行色彩整理，如图 4-2-10 所示。

图 4-2-10 视觉效果搭配

（10）空间效果调整

①选择"钢笔工具"，勾出不同色彩的面，用以对平面的视觉效果进行整体调整。

②利用"渐变工具"为画面设计出空间效果，可以适当调整效果透明度，如图4-2-11所示。

图 4-2-11　空间效果调整

（11）水花的点缀

肌理效果的叠加，可以制作水花肌理效果为画面增添动态效果，如图 4-2-12 所示。

图 4-2-12　水花的点缀

在机理效果的制作中可以直接选择 JPEG 的图片拖拽至文件中，选择菜单命令"对象"→"实施描摹"→"描摹选项"，弹出"描摹选项"对话框，选择模式为"黑白"，如果需要进行彩色的调整时可以进行模式调整，在调整过程中也需要对数值进行适当调整以达到更好的视觉表现，单击"确定"按钮即可完成机理制作。在此后需要进行色彩的分离，选中文件进行两次的"取消编组"，选择"魔棒工具"，选中不需要的色彩进行删除。

（12）添加辅助商标

根据设计要求设计副辅助商标，选择"椭圆形工具"，按住 Alt 键拖拽出正圆，在圆形效果表现中可以体现出视觉的集中性，如图 4-2-13 所示。

图 4-2-13　添加辅助商标

（13）调整配套效果

选择"钢笔工具"，勾出叠加的色条，用以表现水流动的效果。

在制作中需要严格按照范例的效果进行调整，例如透明度的视觉效果，如图4-2-14所示。

图 4-2-14　调整配套效果

（14）添加产品配套

分别将"条码"和"质量安全"图层拖拽到文字说明右侧，在此处可以先预留出文字应用区域，如图 4-2-15 所示。

（15）添加企业标志

添加企业标志是设计制作中一个很重要的环节。在设计中企业会直接提供源文件，如果没有此类文件，可以制作一个，如图 4-2-16 所示。

图 4-2-15　添加产品配套

图 4-2-16　添加企业标志

（16）添加文字信息

选择"文字工具"，添加文字信息，完善包装整体设计，如图 4-2-17 所示。

图 4-2-17　添加文字信息

（17）易拉罐整体色彩设定

①新建一个 A4 大小，横向的绘图区，在高级选项中选择色彩模式为 RGB。

②选择图案中放射性效果图案将其拖拽至参考区域，锁定其图层。

③新建图层，在制作易拉罐前首先定位线性渐变整体效果，仔细观察铝制品在自然光下的反射效果，进行多线性渐变设置，在这里渐变的应用比较复杂，需要对原文件进行拆分然后得出渐变的数值，如图 4-2-18 所示。

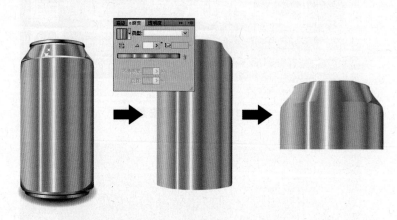

图 4-2-18　易拉罐整体色彩设定

（18）制作上圆台

①选择"钢笔工具"，勾出易拉罐的外轮廓。

②对易拉罐的上圆台进行高光横向效果添加，选择"钢笔工具"，勾出阴影部位，进行暗面受光效果设置，如图 4-2-19 所示。

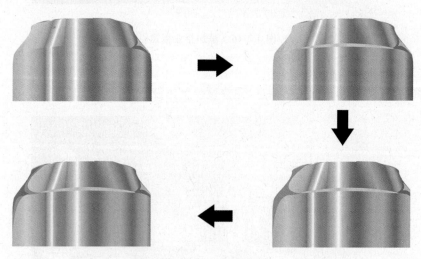

图 4-2-19　制作上圆台

（19）制作下圆台

选择"钢笔工具"，勾出易拉罐的下圆台阴影轮廓，对下圆台进行光线设置。注意在设置过程中的渐变应该转为径向渐变，如图 4-2-20 所示。

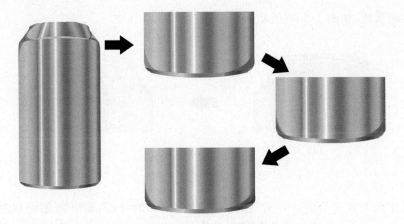

图 4-2-20　制作下圆台

（20）对比效果

将上圆台与下圆台之间的光线折射效果进行对比，看一下效果的和谐性，在两者之间没有问题的情况下可以进行深入刻画，如果效果体现不够，检查一下渐变的选项，如图 4-2-21 所示。

图 4-2-21　对比效果

（21）上圆台效果处理

选择"钢笔工具"，勾出易拉罐上圆台的外延效果，注意在这里的绘制要考虑到光线的受光角度，可以用径向渐变表现，如图 4-2-22 所示。

图 4-2-22　上圆台效果处理

（22）点缀高光

对易拉罐的高光效果再进一步地提升，选择"钢笔工具"，勾出星形的效果，用以加深易拉罐的质感,如图 4-2-23 所示。

图 4-2-23 点缀高光

（23）合成前效果

把制作好的效果与设计好的展开图进行合成前的分析,没有问题可以进行下一步。在合成过程中,需要将图片复制粘贴至 Photoshop 中进行图像合成,如图 4-2-24 所示。

图 4-2-24 合成前效果

（24）瓶身合成效果

产品合成后的视觉效果如图 4-2-25 所示。

图 4-2-25 瓶身合成效果

3. 包装箱外观制作

为功能饮料设计一款展示外包装,完善视觉效果。

（1）包装箱视觉效果

包装箱方位展示效果如图 4-2-26 所示。

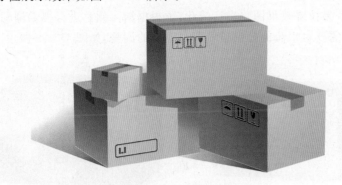

图 4-2-26　包装箱效果

（2）制作箱体

①新建一个 A4 大小，横向的绘图区，在高级选项中选择色彩模式为 CMYK。

②设定渐变颜色左侧（C：15；M：32；Y：57；K：0），右侧（C：5；M：21；Y：38；K：0），新建图层，用矩形工具进行箱体制作，在制作中注意渐变光线的折射效果。

③当设定好矩形效果后为体现立体感，选择"直接选择工具"对箱体需要提升的部位进行选择移位，如图 4-2-27 所示。

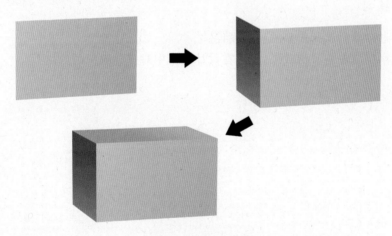

图 4-2-27　制作箱体

（3）粘贴封条

为箱体粘贴封条，注意封条中不同面的深度效果调整，如图 4-2-28 所示。

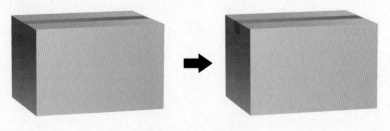

图 4-2-28　粘贴封条

（4）制作箱体图案

用设计好的易拉罐效果图片进行简化，再根据箱体颜色进行视觉调配，完善展示效果，在这一步中需要对水流的效果进行背白渐变的调整，如图 4-2-29 所示。

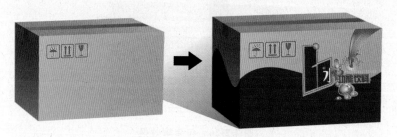

图 4-2-29　制作箱体图案

本章小结

本章详细介绍了"LI 功能饮料"定位、印刷工艺、平面输出制作与立体效果图制作的方法和要点。通过学习，希望读者能够掌握制作过程中的思路构架，并能够掌握此类包装设计过程和印刷常识。

课后练习

1. 通过案例尝试制作新的包装设计。
2. 观察生活中的实物效果，完善在设计制作中对视觉效果的应用。

模拟真实世界

当我们步入繁华的城区,走在宽阔的街道上,可能想象不到,在琳琅满目的商品陈列中,在街道两边树立的宣传品中,很多看似真实的照片,其实是利用一些图形合成制作出来的,以图 5-0-1 和图 5-0-2 为例,图像展示了视觉效果突出的汽车与枪械,其中的视觉合成元素都来自于设计师对于视觉效果的创造。

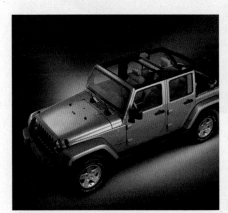

图 5-0-1　汽车效果

图 5-0-2　枪械效果

在本章学习中,将剖析整体的真实效果模拟,提升读者对真实物体模拟的视觉高度。本章的学习难点主要体现在对物体光影细节的刻画与效果的整体把握,在学习中对物体进行更细微的观察是解决问题的最好办法。

5.1　模拟真实世界概述

在模拟真实世界的制作中,有两个方面是值得重视的,即真实效果制作和对真实世界光学物理现象的模拟。这两个方面是构成真实效果的基本要素。

对于光学物理现象的模拟主要体现在两个方面,即光能传递和焦散的物理现象。从图 5-1-1 和图 5-1-2 所示的静态图像中可以看出,物体材质通过以上两点的效果展示所表现出的视觉效果。

图 5-1-1　质感效果

图 5-1-2　木纹效果

1. 通过软件模拟真实效果

手工模拟有着明显的缺陷,而且手工模拟需要很多的经验。在本章学习中将运用高效渐变功能软件来完成,它能够给用户带来使用上的方便和视觉上的真实。

在技术快速发展的今天,具有调节光效和网格功能的软件工具被大多数主流设计师所采用。工欲善其事必先利其器,在我们选择工具进行制作之前,先来大致看一下真实世界视觉效果。如图 5-1-3 所示,昆虫视觉效果的展示诠释了自然界中生物的真实物理结构。

图 5-1-3　真实昆虫视觉效果

　　留意观察我们周围的一草一木,它们是你创造真实无限的源泉。倘若将自然中的石头、尘埃、落叶放大一百倍,那你将惊异的发现这些东西有着意想不到的生命力,自然的伟力,或许你亦将从中得到某种灵感,视觉与细节同在。

　　如何模拟真实世界光学物理现象? 以图 5-1-4 为例,图片中展示了一幅中景森林效果与特写的石头效果,两者的复杂性从视觉角度上来看相差甚远,但是从模拟效果的表现技法上来讲,难度相差无几,两者之间只是在表现的思路上需要读者进行相对区分。森林以线性效果表现居多,石头以径向效果表现居多。

图 5-1-4　材质效果

2. 网格工具的应用特点

　　网格对象就是一种沿不同的方向多种颜色都能一起流动,同时在特殊的网格点间有平滑过渡的对象。可以将网格应用到使用单色或渐变填充的对象上,但不能用复合路径创建网格对象。一旦转换后,对象将永久成为网格对象,所以如果要重新创建初始对象比较困难,最好是使用原对象的副本进行转换操作。

　　使用“网格工具”给网格添加网格和网格点,选择单个的网格或网格点的组合,利用“直接选择工具”或“网格工具”即可将它们在网格内部移动、着色或删除。

3. 简单网格技术应用

下面以葡萄制作为例，学习简单网格技术的应用。

（1）绘制葡萄并着色

首先绘制葡萄基本外形，可以直接选择"椭圆形工具"进行绘制，填充成深紫色（本节属于适应阶段，色彩可以根据读者需求进行设置），如图 5-1-5 所示。

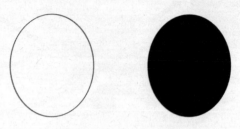

图 5-1-5　绘制葡萄并着色

（2）利用渐变网格为葡萄添加高光

①选择"网格工具"进行渐变网格效果制作，首先找到高光位置，进行网格点的位置确定。

②选择淡紫色作为葡萄的高光效果，如在布点过程中感觉点的位置不妥当，可以选择"直接选择工具"进行点位置的调整，如图 5-1-6 所示。

图 5-1-6　利用渐变网格为葡萄添加高光

（3）有序摆放葡萄

复制和粘贴出多颗葡萄，将制作好的葡萄进行有序地摆放，在摆放的过程中可以进行一定量的旋转，使其呈现自然生长规律，如图 5-1-7 所示。

图 5-1-7　有序摆放葡萄

（4）合成调整

①选择"钢笔工具"为调整好的葡萄效果添加葡萄藤枝，在绘制的过程中可以参考一些相关图片进行最终调整。

②色彩设定可以根据葡萄的深浅效果进行调整，如图 5-1-8 所示。

图 5-1-8　合成调整

5.2　手机仿真制作

1. 手机与未来工业设计

手机的发展速度已经远远超过了人们的想象，从 1987 年第一部手机问世以来，手机无论从外观还是内部技术上都发生了翻天覆地的变化。

当 3D 一词成为时下最热门的话题之一时，人们每天都要使用的手机是不是也要进入 3D 时代了呢？应该相信这一天正在悄悄临近，那么 3D 对于手机的表现又代表着什么呢？以图 5-2-1 为例，图片中利用工业概念的设计思路对一些手机进行了整体的创新型设计，而对设计的视觉表现也可以让读者感受到全新的视觉表现思路。

图 5-2-1　概念手机

2. 大屏幕手机制作

（1）最终效果

打开手机制作效果图，可以看到手机图像的展示文件。黑色、灰色与白色表现出的金属色效果，是本作品的最大亮点，如图 5-2-2 所示。

图 5-2-2 手机制作效果

（2）手机与 UI 合成效果

将手机制作成品与第二章中手机 UI 合成，效果如图 5-2-3 所示。

图 5-2-3 手机与 UI 合成效果

（3）制作轮廓

①新建一个 A4 大小，横向的绘图区，在高级选项中选择色彩模式为 RGB。

②选择手机制作效果，将其拖拽至参考区域，锁定其图层。

③新建图层，设定灰色，选择"圆角矩形工具"绘制手机整体外形。

④选择"渐变工具"的"径向渐变"定义手机固有色，左侧白色（R：255；G：255；B：255），右侧黑色（R：0；G：0；B：0），如图 5-2-4 所示。

技巧提示：选择"圆角矩形工具"，可以双击文件空白处，进行宽度、高度和圆角半径的不同设置。

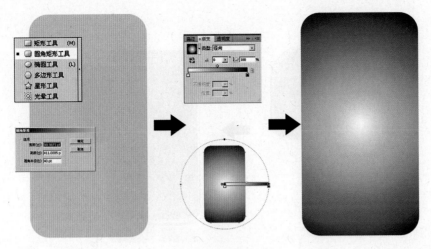

图 5-2-4　制作轮廓

（4）调整色彩渐变

在色彩的定义过程中，主要根据物体本身的结构特点进行调整，同样的渐变设置通过渐变拖拉的长度可以表现完全不同的视觉效果。

将制作好的效果进行原位复制粘贴（底层），适当放大，重新调整渐变色彩，在调整过程中可以进行短距离色彩设置，使上下两个颜色呈现出明显对比，如图 5-2-5 所示。

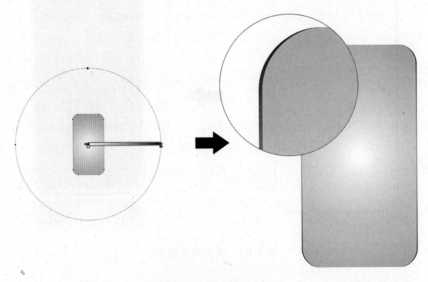

图 5-2-5　调整色彩渐变

（5）设置背景细节

将制作好的图片复制粘贴并拖拽至空白处，再次进行复制粘贴（原位），选择顶层图片，往左侧挪动，使底部露出少许，选择菜单命令"窗口→路径查找器→形状模式→与形状区域相加"，对两者进行裁切，裁切完成后，按照反洗效果对文件进行拼合。

在制作的过程中，观察金属效果和色彩交叉位置，如图 5-2-6 所示。

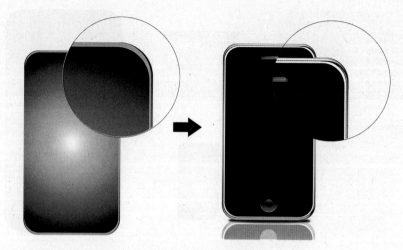

图 5-2-6　设置背景细节

（6）添加高光效果

设定手机高光效果，亮色可以直接选择白色进行定义，白光可以更好地表现金属感，如图 5-2-7 所示。

图 5-2-7　添加高光效果

（7）制作镜面效果

①根据效果图将制作好的金属亮色进行复制粘贴（原位）和缩放。

②根据镜面反射光产生的效果进行色彩设置，色彩设定为（R：37；G：39；B：42），注意镜面的细节，如图 5-2-8 所示。

（8）制作屏幕

①制作手机屏幕镜面效果，分析镜面环境色，选择"矩形工具"拖拽出镜面显示长方形。

②设定色彩为屏幕底层（R：37；G：39；B：42），屏幕可以直接选择为黑色（R：0；G：0；B：0）。

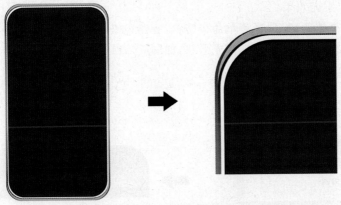

图 5-2-8　制作镜面效果

③制作手机听筒，色彩可以直接选择手机主体应用的黑白渐变，使用"圆角矩形工具"拖拽出图形效果，如图 5-2-9 所示。

图 5-2-9　制作屏幕

（9）制作按键

选择"椭圆形工具"，按住 Alt 键拖拽出正圆，再进行复制粘贴（原位）和缩放，按键的制作需要考虑渐变的反向结构，可参考第 2 章，如图 5-2-10 所示。

图 5-2-10　制作按键

（10）制作柔光效果

复制粘贴机体轮廓，选择菜单命令"窗口→路径查找器→形状模式→与形状区域相加"，对图形进行裁切，得到可视高光形状，如图 5-2-11 所示。

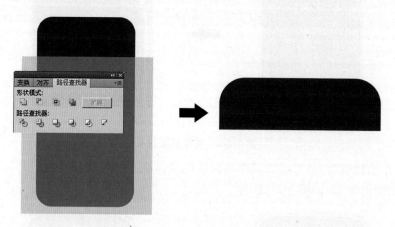

图 5-2-11　制作柔光效果

（11）制作亮色可视高光

对裁切完的图片调整其颜色为（R：215；G：215；B：215），然后设置高斯模糊，如图 5-2-12 所示。

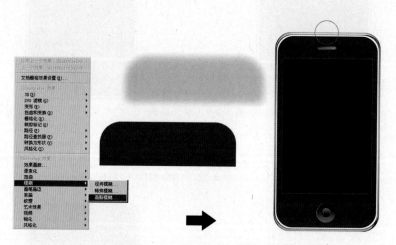

图 5-2-12　制作亮色可视高光

（12）制作倒影

复制手机效果，旋转 180°，拖至手机底部，调整透明度。

将白色高斯模糊覆盖到倒影上，为制作完成后的效果进行倒影制作，在这一项制作中可以更好地体现出自然的视觉效果，如图 5-2-13 所示。

（13）打开背景效果

打开背景展示效果，如图 5-2-14 所示。

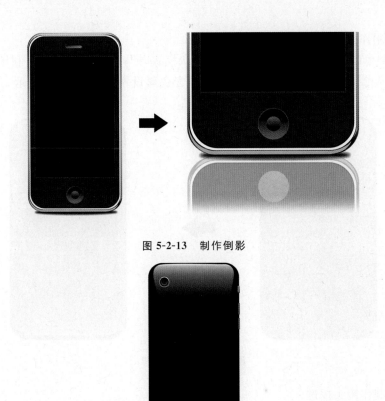

图 5-2-13 制作倒影

图 5-2-14 打开背景效果

（14）制作顶光

①新建一个 A4 大小，横向的绘图区，在高级选项中选择色彩模式为 RGB。

②选择手机背面效果，将其拖拽至参考区域，锁定其图层。

③新建图层，复制已制作完成的手机轮廓，填充黑色，调整顶光线性渐变设置，因此处渐变应用数值过多，在制作中需要读者将范例分解，进行渐变色彩采集并加以分析，如图 5-2-15 所示。

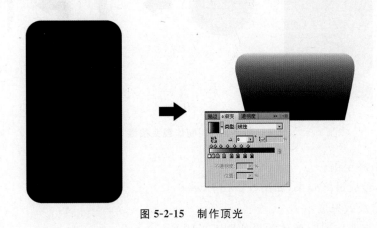

图 5-2-15 制作顶光

（15）制作底光

选择菜单命令"窗口→路径查找器→形状模式→与形状区域相加"，利用手机外形裁切出底部光线轮廓。色彩可以直接选择顶光色彩设置，如图 5-2-16 所示。

图 5-2-16　制作底光

（16）制作镜头按键

①选择"椭圆形工具"，按住 Alt 键拖拽出正圆，制作镜头效果，在制作过程中需要进行反复的复制粘贴（原位）和缩放，缩放的过程中需要反复的调整渐变数值，已达到镜头的立体效果。

②选择"圆角矩形工具"，拖拽出按键轮廓，可以选择网格渐变对其进行绘制，在绘制的过程中，需要体现出结构特征，如图 5-2-17 所示。

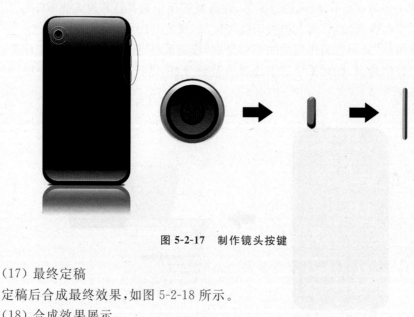

图 5-2-17　制作镜头按键

（17）最终定稿

定稿后合成最终效果，如图 5-2-18 所示。

（18）合成效果展示

将手机与 UI 合成，整体效果如图 5-2-19 所示。

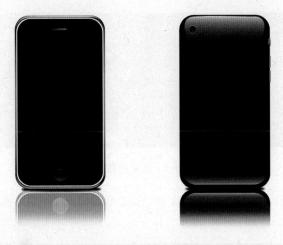

图 5-2-18　最终定稿

图 5-2-19　合成效果

5.3　枪械仿真制作

创建立体结构,除了制作标准结构,还需要掌握渐变的应用技巧,在本例中将会对混合、渐变、网格三种不同的应用技巧加以阐述,在应用中每一种都会出现很简单或相当复杂的情况,读者在学习中将会感受到三种渐变交织在一起的应用,从而实现更好的表现效果。

1. 枪械仿真技术

(1) 真实枪械效果分析

在模拟真实世界的过程中,枪械制作的复杂程度非常高,我们可以先找到真实枪械图片进行效果分析,如图 5-3-1 所示。

①对图片中的枪械进行色彩分析,定义枪械的固有色。

②分析枪械所在环境的其他物体产生的环境色对枪械本身的色彩影像。

③研究金属细密结构的构成关系。

通过以上的分析再进行真实枪械效果的模拟。

(2) 枪械展示效果

图 5-3-1　真实枪械效果

　　打开光盘内设计好的枪械展示效果,作品通过三种不同的视觉效果展示,如图5-3-2所示。

图 5-3-2　枪械成品效果

　　在结构效果展示中可以看到结构的布线与工具的应用结构特点,如图5-3-3 所示。

图 5-3-3　枪械结构布线

枪械拆解效果可以使读者很容易看出枪械制作的分解结构以及制作的特点,如图
5-3-4 所示。

图 5-3-4　枪械拆解效果

2.枪械制作过程

(1)整体枪械完成效果

打开枪械效果图片,进行结构分析,设定金属效果色彩,如图 5-3-5 所示。

图 5-3-5　整体枪械完成效果

(2)设定枪械固有色

①新建一个 A4 大小,横向的绘图区,在高级选项中选择色彩模式为 RGB。

②选择枪械效果,将其拖拽至参考区域,锁定其图层。

③新建图层,在本例中选择的色彩为左侧金属色(R:240;G:238;B:212),右侧金
属色(R:69;G:64;B:48),在这里可以选择"线性"渐变。

④选择"钢笔工具",勾出枪械局部轮廓,进行渐变色彩调整。

⑤枪械叠加面色彩应采取"网格渐变"进行色彩定义,如图 5-3-6 所示。

图 5-3-6　设定枪械固有色

（3）细微暗面调整

在已完成的效果中选择"钢笔工具"绘制出深色结构部分，色彩的设定可以直接选择接近于黑色的深灰色进行绘制，如图 5-3-7 所示。

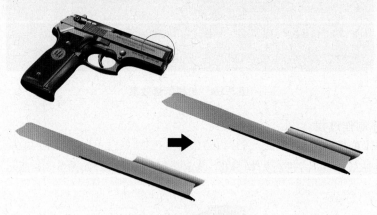

图 5-3-7　细微暗面调整

（4）制作表面结构

①选择"钢笔工具"绘制枪口的转折面，填充基础色设置为（R：79；G：81；B：68）。

②选择"钢笔工具"绘制枪械受光面，此处需要选择网格渐变设定其效果，如图 5-3-8所示。

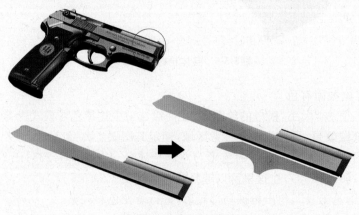

图 5-3-8　制作表面结构

（5）设置侧面

①选择"钢笔工具"为枪械勾出侧面过渡亮色结构，并采取"网格渐变"进行色彩定义。

②选择"钢笔工具"为枪械勾出暗面结构，并采取"网格渐变"进行色彩定义，设置过程中需要对枪械范例色彩效果进行分析，如图 5-3-9 所示。

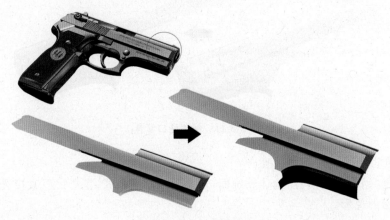

图 5-3-9　设置侧面

（6）制作枪口

选择"钢笔工具"勾出枪口面轮廓，根据范例效果进行"网格渐变"色彩定义，在设置过程中需要通过色彩平滑使枪口与周围色彩平滑衔接，如图 5-3-10 所示。

图 5-3-10　制作枪口

（7）制作枪口零件

①针对枪口零件进行细节调整，在调整过程中需要进行立体结构的色彩设置，设置需要选择"网格渐变工具"进行绘制。

②针对制作完成的零件需要进行暗部阴影色彩处理，在处理中可以选择单一深色色彩，原因在于细节处理往往被人忽略，同时也会被眼睛所模糊化，所以针对部分细节是不需要过分处理的（这里所指细节是指阴影内部），如图 5-3-11 所示。

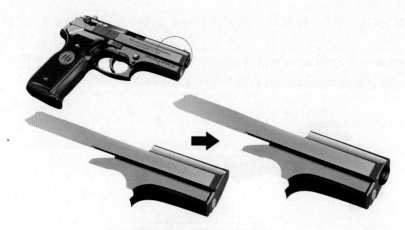

图 5-3-11　制作枪口零件

（8）枪头受光面的色彩过渡

①选择"钢笔工具"勾出枪体轮廓面，定义网格渐变模式，色彩可以直接选择枪械初始化叠加面的色彩。

②选择"钢笔工具"勾出枪体扳机侧面轮廓，定义网格渐变模式，色彩需要进行范例分析后进行采集，如图 5-3-12 所示。

图 5-3-12　枪口受光面的色彩过渡

（9）设置枪体效果

①选择"钢笔工具"绘制出枪体扳机暗面轮廓，设定色彩为深灰色，此处色彩可以直接针对范例进行采集。

②选择"钢笔工具"绘制出枪体斜侧面轮廓，进行"网格渐变"色彩定义，调整网点模拟真实效果，注意环境色效果，如图 5-3-13 所示。

（10）设置枪体色彩

①选择"钢笔工具"绘制出枪体后侧面轮廓，针对形状要求进行渐变设置，在此处会选择三种不同的渐变效果，例如第一步会采用不同的线性渐变，侧面需要进行网格渐变的色彩调整。

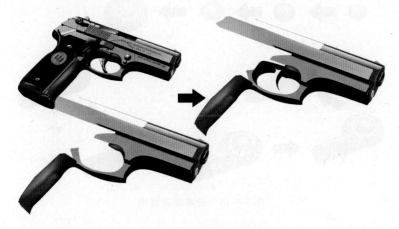

图 5-3-13　设置枪体效果

②在新的结构制作中,将用到"混合渐变",在设置过程中需要根据效果属性设定为"平滑颜色",再进行色彩平滑绘制,如图 5-3-14 所示。

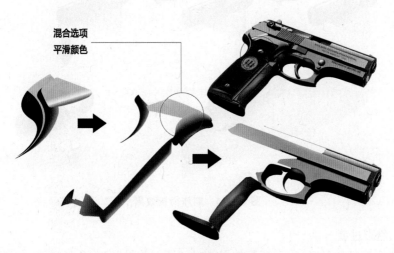

混合选项
平滑颜色

图 5-3-14　设置枪体色彩

(11) 设置细微结构

①制作细小机械结构效果中,注意效果特征,在制作过程中,首先需要根据原图进行颜色采集,选择"网格渐变"进行内部光感设定,再选择"椭圆形工具"与"径向渐变"绘制出椭圆渐变效果。

②选择"钢笔工具"勾出此处效果轮廓,针对此效果进行细节色彩设定。

③高光处可以选择"钢笔工具"绘制出高光轮廓,再进行"高斯模糊"效果调整,如图 5-3-15 所示。

(12) 制作衔接效果

①根据范例效果勾出枪体局部凹陷部位,再选择"网格渐变"进行色彩过渡调整,注意细节阴影效果的衔接。

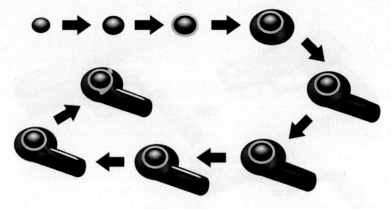

图 5-3-15　设置细微结构

②高光处需要选择"钢笔工具"进行细微地绘制，并进行透明度调整，如图 5-3-16
所示。

图 5-3-16　制作衔接效果

（13）色彩过渡

选择"钢笔工具"勾出暗面衔接效果，选择"渐变效果"完善色彩过渡，色彩可以根据
已完成的周边色彩进行选定，如图 5-3-17 所示。

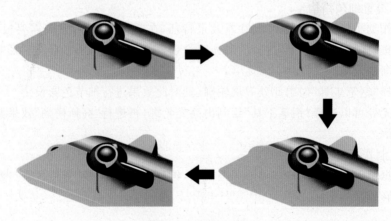

图 5-3-17　色彩过渡

（14）细微结构处理

选择"椭圆形工具"，拖拽出倾斜细节部位，对细微结构的色彩处理，可以直接添加渐变效果进行设置，在设置完成后进行细微色彩铺垫，如图5-3-18所示。

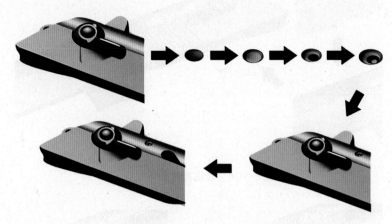

图 5-3-18　细微结构处理

（15）设定金属结构

①选择"钢笔工具"，绘制金属效果结构特征，可以利用结构的形状表现出边线弧度效果。

②在调整中利用"径向渐变"逐步完善过渡效果，如图5-3-19所示。

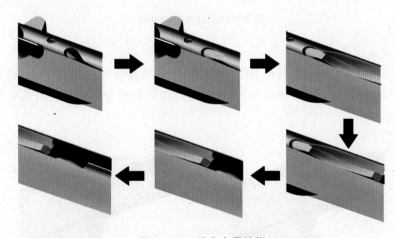

图 5-3-19　设定金属结构

（16）设定枪体文字效果

①选择"文字工具"添加细节文字，进行相应处理。

②选择"钢笔工具"绘制出细节的叠加关系，色彩可以直接从枪体内部选择暗色，再根据起伏的关系叠加细微的高光，如图5-3-20所示。

（17）细微结构处理

选择"钢笔工具"绘制出局部细节部位，利用网格渐变工具进行环境色设置，色彩可以直接针对范例进行采集，注意颜色不要过多，如图5-3-21所示。

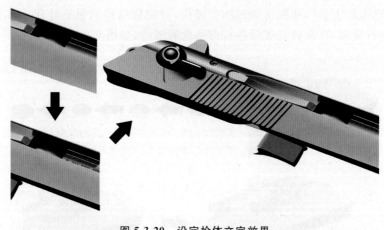

图 5-3-20　设定枪体文字效果

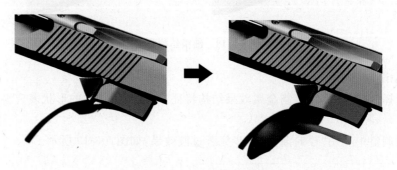

图 5-3-21　细微结构处理

（18）设定细微暗面

　　选择"钢笔工具"绘制出扳机部位效果，选择"网格渐变"进行色彩调整，色彩可以直接针对范例进行采集。对于突出形体结构，需要进行色彩分析后再进行色彩形体之间的衔接，如图 5-3-22 所示。

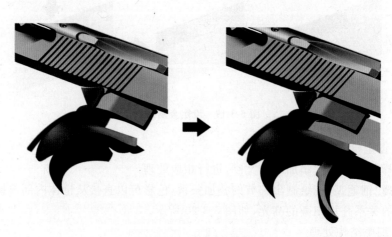

图 5-3-22　设定细微暗面

（19）细节的整合与添加

将枪械制作完成的部分进行整合，整合后对枪械进行后期效果调整，逐步完善，如图 5-3-23 所示。

图 5-3-23　细节的整合与添加

（20）绘制底部轮廓

选择"钢笔工具"绘制出枪械底部轮廓，根据已完成枪体色彩效果，直接选取部分色彩进行结构阴影设置，如图 5-3-24 所示。

图 5-3-24　绘制底部轮廓

（21）设置网面效果

①添加枪体密集效果，首先选择"矩形工具"拖拽出一条细长的面，再进行复制粘贴并拖拽至与之平行的宽度，再选择菜单命令"对象→混合→混合选项"，弹出"混合选项"对话框，单击间距下拉菜单，选择"指定步数"，并在其后的数值中输入"70"，单击"确定"按钮，如果读者感觉疏密程度没有达到预期效果，可以再进行数值调整。

②确定间隔后，将图案进行"扩展"，右击选择"取消编组"，再选择"路径查找器"中的"与形状区域相加"，将分散的面整合成一张图，再进行复制粘贴和旋转，这时会出现

交叉的网格效果。

③选择"路径查找器"中的"与形状区域相加",将网格整合成一张图,选择"钢笔工具"勾出网格轮廓,再将两者进行裁切,选择"路径查找器"中的"与形状区域相交"将图形裁切出来,如图 5-3-25 所示。

图 5-3-25　设置网面效果

（22）制作标志

对枪械的标志制作,可利用光影结构效果直接勾出暗面,如图 5-3-26 所示。

图 5-3-26　制作标志

（23）制作金属零件

①选择"椭圆形工具"拖拽出枪械应用零件,再选择"直接选择工具"对零件进行细节调整。

②对调整后的零件进行"网格渐变"效果设定,色彩调整过程中需要认真分析色彩结构效果,如图 5-3-27 所示。

（24）制作金属钉

①为枪械效果添加细节零件,选择"椭圆形工具"拖拽出零件的轮廓,零件效果可以

直接采用"网格渐变"进行效果定义。

图 5-3-27　制作金属零件

②渐变定义完成后,选择"钢笔工具"绘制出螺丝暗色凹槽效果,色彩可以直接选择枪身暗色进行定义,如图 5-3-28 所示。

图 5-3-28　制作金属钉

本章小结

本章通过实例操作,对模拟真实效果进行了细致的学习,对物体结构的表现方法有了更深的了解,对软件的操作已经进入了表现阶段。希望读者课后频繁练习,真正达到实际应用中能够熟练操作的程度。

课后练习

1. 分析手机结构,进行手机临摹制作。
2. 通过分析枪械的制作结构,选择枪械图片制作枪械效果。

吉祥物与卡通形象设计

在实际制作中吉祥物与卡通形象设计并无过多区别,不同的是,一般吉祥物被赋予了更多的思想性和功能性,是对一般卡通形象的提升。如图 6-0-1、图 6-0-2 和图 6-0-3 所示,它是用绘画的方式表现角色形象,是由设计师之笔或计算机软件设计创造的。许多动画片的导演也经常由动画艺术家担任,甚至剧作都是由动画师策划、创意的。所以在艺术形象的创作中,首先要进行形象的整体构思,通过构思逐步完成整体效果的创作。

图 6-0-1　游戏《蛋蛋堂》角色形象设计(1)

图 6-0-2　游戏《蛋蛋堂》角色形象设计(2)

图 6-0-3 角色形象设计

在本章的学习中,主要通过造型设计来培养读者的创造性思维,同时使用绘画的形式使读者对此类表现形式产生更多的设计思想。本章重点在于造型的色彩关系,难点是造型的构思与主题表现。

6.1 吉祥物角色设计

6.1.1 相关知识

角色设计的工作内容包括角色个性呈现方式、表演方式的设计、角色之间的组合关系,甚至牵涉商业工程规划的相关内容,这就要求设计师不仅要懂得专业方面的艺术手法和技术,还要求懂得设计工作流程及相关软件的使用及技术,了解设计工程规划和管理。

很多企业在推广自己品牌的时候,喜欢用形象代言人,但是请明星会花费巨资,而且有年限的问题,加上明星个人问题出错还会给企业带来负面影响,因此现在很多企业慢慢又流行一种无需巨资的品牌形象代表,即卡通形象。很多品牌都采用了卡通营销虚拟品牌代言人,它们大都给消费者留下了深刻的印象,成为品牌的标志,促进了品牌的认知度和认同感。从实践来看,品牌采用卡通形象主要还是在于促进销售产品,因此称为卡通营销。

大企业喜欢找有名的"卡通明星"做代言,例如 Hello Kity、米老鼠等,但是这样的授权费依然很高,并且不能修改形象,有时并不能和自己的品牌相吻合。因此,原创卡通形象有了巨大的市场空间。

6.1.2 角色色彩造型特点

在造型设计中,色彩是造型设计的主要构成要素之一,是设计师在创作生产过程中必须参与的工作。色彩运用与一般绘画作品不同,有其自身的规律。

(1) 与整体风格相统一

一个角色造型设计不管是色相、明度、彩度,还是色彩的配置与分割,或者具体的着色方式,都要与文案要求的设计总体艺术风格相一致。

(2) 简化色彩

简洁造型的每一笔、每一个色块都是人工绘制出来的。无论如何定位风格,其色彩都是被简化过的,造型总体要求是简洁与概括,这是艺术风格的需要。

(3) 身份识别

角色的性别、年龄、身份、性格、地域习俗或服饰,都是相对固定的。在设计中角色都有自己独特的色彩,色彩一旦被确定下来,就成为这个角色的代表性符号。设计造型的色彩时要以设计目的为中心,按主次分明的原则设计色彩。

(4) 层次清晰

角色的色彩与配套色彩之间既要保持艺术风格与色彩的统一,又要拉开角色与配套色彩之间的距离。

6.1.3 吉祥物形象设计

当一个角色形象被策划人员构思出来,并且用文字的方式表达出来,角色原形设计师就必须根据文案提供的角色描述的信息,比如年龄、性别、性格、与剧情的关系以及角色基本外貌,把文字具象化。角色的信息是角色设计的第一特征,当设计师根据文字描述完成了图形设计稿,则角色的第二特征就呈现出来。策划与设计师之间通过反复沟通、推敲与修改完成的最终稿件,称之为角色最终形象特征。

1. 吉祥物造型设计标准

在吉祥物的市场应用中,如果设计到位,能够影响消费者的行动决策。设计卡通吉祥物和设计单纯的卡通形象最大的不同在于,它必须和企业形象或产品联系起来,既要惹人喜爱,又要免于流俗。

一般而言,吉祥物的设计首先必须考虑宗教、信仰及风俗的忌讳与好恶,这样才能避免产生不必要的困扰。然后针对企业、个人、品牌或活动的经营内容、活动性质来决定设计方向和题材。一般考虑以下几个方面。

(1) 形象的亲切感

亲切感体现为具有较强的人情味,和蔼可亲,亲切感比美丽更为重要。应该包括:可爱、愉悦、和蔼、有趣、祥和、朴稚,并体现一定的平民性和滑稽的特点。

(2) 设计的独创性

独创性的卡通吉祥物就是不同于其他公司或其他卡通形象、保有自己鲜明个性和气质的形象,尽可能要避免卡通吉祥物和其他公司的吉祥物有相似之处。

(3) 表现力的多变统一性

卡通吉祥物如果一直能显示出强烈的独特特征,能使受众逐步建立强烈的独特印象。由于使用的内容和媒介的不同,设计者在不同的使用中就必须重新组织内容,在不破坏原有独创的前提下,进行各种姿态和角度的设计。

(4)主题性

吉祥物的设计必须以对象的特色作为设计方向,使人能立即对企业、商品或活动的主题、特色产生联想与正确的认知。使吉祥物成为形象识别系统的强效辅助。

(5)吉祥物名称

一个容易记忆并富有趣味的名字能帮助受众更快地记住卡通吉祥物,卡通吉祥物有了自己的名字,就同单纯的卡通形象区分开来,并有了更强的人情味,所以起个好名字也是设计师要考虑的重点。

2.吉祥物效果制作

(1)最终效果

打开 L1 功能饮料的吉祥物最终效果图,如图 6-1-1 所示。

图 6-1-1　最终效果

(2)设计元素

①新建一个 A4 大小,横向的绘图区,在高级选项中选择色彩模式为 RGB。

②选择吉祥物效果图案,将其拖拽至参考区域,锁定其图层。

③新建图层,根据文案要求考虑设计元素应用效果,色彩设定较为复杂,所以可以将范例进行拆解复制,同时需要进行"径向"渐变的整体分析,如图 6-1-2 所示。

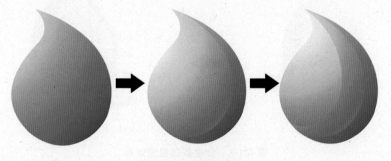

图 6-1-2　设计元素

（3）拟人效果设计

①根据结构特点设定吉祥物头部效果，在色彩渐变应用中需要逐步设定其透明度效果。

②根据吉祥物拟人化结构，选择"钢笔工具"绘制人体结构，如图6-1-3所示。

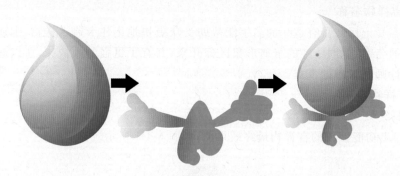

图 6-1-3　拟人效果设计

（4）调整人体色彩

①选择"钢笔工具"，根据人体结构特点绘制身体的阴影效果。

②选择"钢笔工具"，根据人体结构特点绘制身体的高光效果，高光效果可以使形象更加动人，如图6-1-4所示。

图 6-1-4　调整人体色彩

（5）合成基础视觉效果

①整合已完成的结构效果，调整结构之间的上下关系，适当地进行细节的深入处理。

②复制人物已完成的整体效果，选择菜单命令"窗口→路径查找器→形状模式→与形状区域相加"，设定为深色，叠加滤镜效果"高色模糊"，如图6-1-5所示。

图 6-1-5　合成基础视觉效果

（6）设计表情

为吉祥物添加表情效果，注意设计时要尽可能贴近主题，如图 6-1-6 所示。

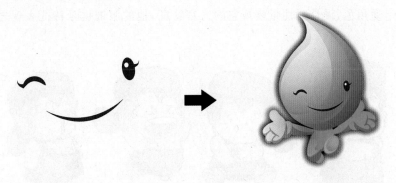

图 6-1-6　设计表情

（7）合成最终效果

①选择"椭圆形工具"为吉祥物添加投影效果，拖拽出椭圆形添加渐变，并调整透明度。

②把设计完成的效果与商品进行有效地合成，如图 6-1-7 所示。

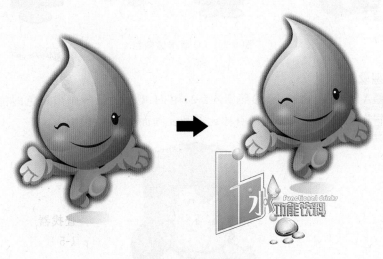

图 6-1-7　合成最终效果

6.2　卡通角色造型设计

6.2.1　Q版安迪卡通角色

1. 造型要求

从造型上来讲，卡通角色更加注重角色的夸张与变形，无论善恶美丑，角色的造型都是非常可爱而敦厚，在每个线条上也都经过反复地推敲。

101

有一些短篇小品之类的动漫人物的 Q 版非常可爱,风格简约,寥寥数笔就勾勒出一个人物。

安迪是《三宝天下烩》当中的可爱卡通明星。在绘制安迪的时候要注意,它是一个二头身的卡通角色,设计时注重表现它的五官特征,他的服饰也是特征表现之一,如图 6-2-1 所示。

图 6-2-1　Q 版卡通角色

2. 造型设计

在一张 A4 大小的白纸上,参照图 6-2-2,用 H 型号的铅笔画出角色的位置。用简练的线条作为辅助线,表现安迪的身体比例和在画面中的整体构图。

图 6-2-2　Q 版卡通角色

(1) 绘制轮廓

根据辅助线,运用简单的线条和形体画出角色的大概结构与动态,这一步类似于刻画角色的身体骨骼。主要目的是明确角色的比例,并标出角色的体块关系,如图6-2-3所示。

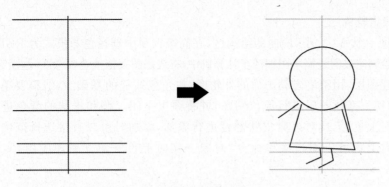

图 6-2-3　绘制轮廓

（2）绘制形体

①根据角色的大体结构，绘制草图，根据人物的体块关系画出形体轮廓。在这个步骤中不需要深入刻画角色的细节。

②绘制角色的面部以及手臂的细节特点，如图 6-2-4 所示。

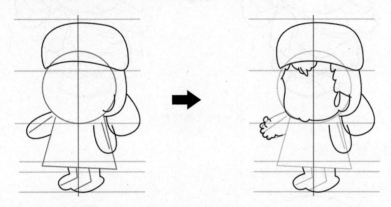

图 6-2-4　绘制形体

（3）绘制线稿细节

①在角色草图的基础上，运用简单放松的线条来勾勒角色的局部大体位置和确定服装外貌的基本造型。

②为角色添加五官以及服饰中的质感表现线条，如图 6-2-5 所示。

图 6-2-5　绘制线稿细节

（4）确定轮廓

①新建一个 A4 大小，横向的绘图区，在高级选项中选择色彩模式为 RGB。

②将绘制完成的线稿草图扫描至计算机中，将线条图案拖拽至参考区域，锁定其图层。

③新建图层，用钢笔勾勒画面的外轮廓，在角色线稿的基础上，线稿要单独复制一套，将其剪切。新建图层进行原位粘贴，并将图层关闭。调和皮肤的颜色进行色彩添加，用"实时上色"工具对外露皮肤部位进行添加，添加时可以直接选择范例中的色彩（注意：实时上色可以通过菜单命令"对象→实时上色→建立后和应用"实现），如图6-2-6所示。

图 6-2-6　确定轮廓

（5）确定基本色调

用实时上色工具对头发与服饰进行添加，如图 6-2-7 所示。

图 6-2-7　确定基本色调

（6）色彩深入

①为人物添加双脚的色彩效果。

②为人物调整阴影，用"钢笔工具"对已经设定好的帽子及服装阴影区域进行色彩添加（注意：阴影的添加要根据物体固有色彩加深调整），如图 6-2-8 所示。

图 6-2-8　色彩深入

（7）调整色彩细节

①调整局部阴影，并打开之前关闭的图层。

②用"钢笔工具"对底部人物图层设定好的阴影区域进行进一步的色彩加深，如图
6-2-9 所示。

图 6-2-9　调整色彩细节

（8）添加高光

为人物添加局部高光，完成整体上色工作流程，如图 6-2-10 所示。

图 6-2-10　添加高光

6.2.2　漫画关公卡通角色

1. 造型要求

角色结构也是角色设计特征中的一部分,在设计中虽然其形象也是以真实人体结构为参照,但在变形上的取舍很大。这样夸张的特点致使画面的视觉元素比较单纯,观者所接受的信息量就相对减少,使之更加符合观众心理的适应和承受能力。

在色彩的处理上要尽量避免沉闷的色彩效果、在人物的结构处理中有目的地进行调整,所绘制出来的形象要符合一般大众心理认同的标准。在关公卡通角色绘制过程中,应注意关公形象的表现形式与动作相关的结构关系,如图 6-2-11 所示。

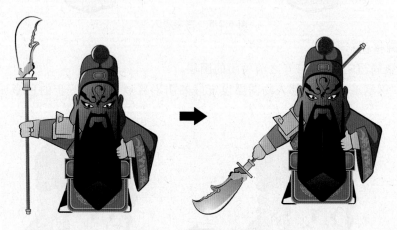

图 6-2-11　关公卡通角色

2. 造型设计

(1) 最终效果

打开关公卡通角色最终效果图,如图 6-2-12 所示。

图 6-2-12　最终效果

(2) 设定比例

打开一张商用人物设计线稿,对线稿进行细节分析,如图 6-2-13 所示。

图 6-2-13　设定比例

（3）绘制轮廓

①新建一个 A4 大小，横向的绘图区，在高级选项中选择色彩模式为 RGB。

②选择人物形象图案，将其拖拽至参考区域，锁定其图层。

③新建图层，根据线稿进行细节处理，用"钢笔工具"勾勒出概括性的线条，进行角色基础刻画，如图 6-2-14 所示。

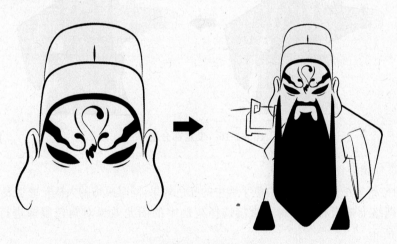

图 6-2-14　绘制轮廓

（4）添加基本色调

①根据角色的大体结构，绘制草图，同样线条要简单。

②根据人物的结构关系绘制形体轮廓的基本色彩，色彩为（R：73；G：140；B：66）。

③进一步叠加角色的细节效果，首先选择"钢笔工具"勾出眼睛的效果，再根据服饰的特点进一步绘制出袖口以及领口的色彩，色彩为（R：115；G：142；B：104），如图6-2-15所示。

（5）设定部分细节

①在角色草图的基础上，设定人物脸部效果，色彩为左侧（R：244；G：132；B：109），右侧（R：196；G：6；B：96）。

图 6-2-15　添加基本色调

②根据人物结构绘制出人物的阴影结构色彩为(R：20；G：56；B：14)，如图 6-2-16所示。

图 6-2-16　设定部分细节

（6）添加团龙图案

①选择"钢笔工具"，绘制出右侧手臂中的亮色效果，同时服饰的大概轮廓也表现出来。

②在网络上搜索相关素材或直接选择范例中的团龙效果对角色服饰进行叠加，如图 6-2-17 所示。

图 6-2-17　添加团龙图案

6

吉祥物与卡通形象设计

（7）修饰服装效果

①将团龙的效果进行色彩的调整，色彩可以直接选择角色阴影色彩。

②选择"钢笔工具"，绘制出袖口以及领口的装饰效果，色彩为（R：246；G：197；B：0），同时降低色彩透明度为50％，如图6-2-18所示。

图 6-2-18　修饰服装效果

（8）制作腰带和玉牌

①选择"圆角矩形工具"，在腰带的基础上拖拽出圆角长方形，针对腰带特点选择"网格"渐变，进行色彩设定。

②用与制作腰带相同的方式，为人物帽子添加玉牌，如图6-2-19所示。

图 6-2-19　制作腰带和玉牌

（9）添加簪缨

①为人物帽子添加簪缨效果，选择"椭圆形工具"，按住 Alt 键，拖拽出正圆，叠加为黑色，复制粘贴（原位）并缩放，色彩可以直接设定红色，"网格"渐变。

②选择"钢笔工具"，绘制出白色高光效果，如图6-2-20所示。

（10）调整色彩

①选择"钢笔工具"，为角色帽子添加细节阴影效果。

②为角色添加亮色，用以提高整体可视化效果，注意细节的阴影处理，适当调整阴影角度，色彩为（R：114；G：181；B：107）。

图 6-2-20　添加簪缨

③为人物添加肩部金属渐变色彩,渐变设定为"线性"渐变,色彩为左侧(R:249;G:236;B:48),右侧(R:250;G:175;B:63),如图 6-2-21 所示。

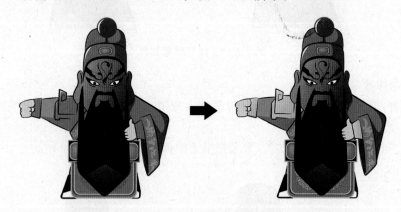

图 6-2-21　调整色彩

(11) 添加配饰

①为角色添加佩刀效果,用"矩形工具"直接进行绘制,注意细节的光感处理,色彩可以直接选择脸部色彩"渐变"效果,如图 6-2-22 所示。

②选择"圆角矩形工具"绘制刀把底部效果。

③选择"钢笔工具"绘制刀身基本轮廓。

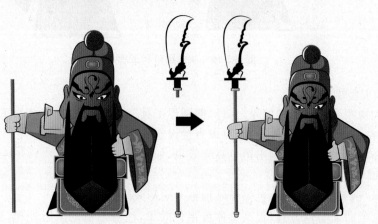

图 6-2-22　添加配饰

（12）添加配饰色彩

为佩刀添加色彩，色彩可以直接选择角色肩部金属效果，在添加的过程中要考虑到整体的色彩关系，如图 6-2-23 所示。

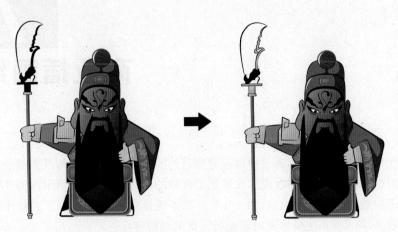

图 6-2-23　添加配饰色彩

（13）变换动作效果

设计完成后，可以进行适当的调整，变换动作效果，如图 6-2-24 所示。

图 6-2-24　变换动作效果

本章小结

本章通过对角色分类解析，分析角色定位标准，通过案例操作设计吉祥物与卡通形象。希望读者课后频繁练习，真正达到实际应用中能够熟练操作的程度。

课后练习

1. 根据光盘中的案例进行吉祥物设计。
2. 通过案例讲解临摹一幅卡通角色效果。

商业插画绘制

在现代社会商业运营中,有一种以运营为目的的绘画形式,我们称其为商业插画。人与计算机的相互作用,使这种表现形式展现了奇妙的创意。图 7-0-1 至图 7-0-3 所示的商业插画对于创意的阐述非常明显,图 7-0-1 主要体现音乐元素,图 7-0-2 主要体现人物动作的展示效果,图 7-0-3 主要体现时下流行元素的结构特点。

图 7-0-1　流行时尚商业插画

图 7-0-2　人物简影

图 7-0-3 女性时尚人物插画(1)

我们将使用 Illustrator 软件的基本工具绘制商业插画,这种插画具有平面效果强、装饰性好的特点,如图 7-0-4 和图 7-0-5 所示。

图 7-0-4 女性时尚人物插画(2)

图 7-0-5 简单色调人物插画

7.1 宽泛主题商业插画设计

7.1.1 相关知识

1. 时尚插画色彩

人的视网膜在接受光色刺激而产生一系列生理视觉过程的同时,也会对人的感情产生影响,甚至会使人在情绪和精神上发生巨大变化。色彩情感主要体现在色彩联想和色彩象征上。插画色彩是通过人们对色彩心理效应的感知进行相应的调整,如

113

图 7-1-1所示,在不同背景下使人们感受的视觉效果也是完全不同的。

图 7-1-1　女性时尚人物插画(3)

2. 视觉与色彩造型

有这样的比喻:眼睛是心灵的窗口。其含义是指人的大脑思维有百分之八十以上的信息、资料来源于视觉,也就是说,视知觉在视、听、嗅、触、味五觉中是最重要的。完形心理学认为,视觉活动自身是有思维的,如视觉思维的完形思维等。视觉不仅是生理与心理的知觉,而且是创造力的根源,是高级审美感官。人们通过视觉传递,经大脑记忆库中的信息综合判定后,便产生了新的动机,从而支配和控制人的情感与行为。然而,视觉对所有事物存在形式的感知,都是通过形象符号与色彩的组合形式,由感性到理性的转换获得的。首先映入欣赏者眼帘的是光与色彩,其次才是物体的形象和材质,所谓"远看颜色近看花"。色彩从某种意义上说是属外在表面现象,多偏重于感性认识。相比较而言,物体形象则是内在的、本质的,故多偏重于理性认识,所谓"透过现象看本质"。当然,除了想象中的色彩概念以外,视觉色彩不可能游离于物体形象而独立存在。

在色彩与形象艺术表现上,艺术家都是以独特的个性化语言的表达方式以及高超娴熟的技艺,充分表现了艺术的内涵。不论是用何种艺术形式以及选用何种不同材料,都体现了个性化的风格。以图 7-1-2 为例,插画效果突出艺术主题,在造型艺术作品中,色彩成为艺术家通过在其作品中的运用来宣泄情感、表达主题的最主要的手段之一,同时注重对色彩语言的气氛营造与形象完美统一。

图 7-1-2　女性时尚人物插画(4)

7.1.2 制作时尚商业插画

1. 制作女性人物插画

（1）最终效果展示

打开女性人物插画成品文件,首先进行人物结构的整体分析,整理插画结构特点,定义文件的基本色调,设定文件相关的色值,在本节的学习中主要掌握写实人物的设计结构,如图 7-1-3 所示。

（2）置入线稿

①新建一个 A4 大小,纵向的绘图区,在高级选项中选择色彩模式为 RGB。

②选择人物插画的成品设计效果,将其拖拽至参考区域,锁定其图层。

③选择人物插画的线稿,将其拖拽至参考区域,锁定其图层,如图 7-1-4 所示。

图 7-1-3　女性时尚人物插画最终效果

图 7-1-4　绘制线稿

（3）皮肤色彩设定

①新建图层,在绘制过程中首先要解决的是皮肤的基本色调与区域,定义色彩为(R:252;G:236;B:232);

②选择"钢笔工具",勾出皮肤大体轮廓,在绘制过程中部分皮肤将会被遮盖住,为了避免图案衔接部位准确性不够,被遮盖部分需要做大一些,如图 7-1-5 所示。

（4）头发色彩设定

①根据需要拟定一个头发色彩数值。

②选择"钢笔工具",勾出头发轮廓,叠加在皮肤上,用头发轮廓表现人物脸部轮廓,如图 7-1-6 所示。

图 7-1-5　皮肤色彩设定

图 7-1-6　头发色彩设定

（5）服饰色彩设定

①定义服装色彩为（R：210；G：210；B：210）。

②选择"钢笔工具"，勾出服饰效果，服饰要叠加在头发与皮肤之间，如图 7-1-7 所示。

（6）修饰服饰暗部

①定义服装暗部色彩为（R：198；G：198；B：198）。

②根据人物服饰结构特征，选择"钢笔工具"，绘制出人物服饰阴影效果，在制作中需要注意细节的绘制，如图 7-1-8 所示。

图 7-1-7　服饰色彩设定

图 7-1-8　服饰暗部修饰

（7）修正发式

将头发修正为白色（R：0；G：0；B：0），再根据草图效果，选择"钢笔工具"，丰富发式整体细节，如图 7-1-9 所示。

图 7-1-9　修正发式

（8）进一步修饰服饰暗部

①在绘制的过程中，逐步深入细节用以表现结构效果，定义服饰暗部色彩为（R：178；G：178；B：178）。

②选择"钢笔工具"勾出服饰整体细节效果，如图7-1-10所示。

图 7-1-10　进一步修饰服饰暗部

（9）绘制服饰亮面

①定义服饰裙带色彩（R：239；G：239；B：239）。

②选择"钢笔工具"，绘制出裙带的亮面效果，如图7-1-11所示。

图 7-1-11　绘制服饰亮面

（10）服饰细节处理

①分别定义服饰裙带高光色彩（R：0；G：0；B：0）与暗部色彩（R：190；G：190；B：190）。

②根据调整好的色彩关系选择"钢笔工具"，进一步绘制细节效果，如图7-1-12所示。

图 7-1-12　服饰细节处理

（11）皮肤和头发细节处理

①定义皮肤暗部色彩（R:255;G:209;B:194），定义头发暗部色彩（R:252;G:248;B:217）。

②根据线稿与范例的人物结构，分别选择"钢笔工具"，绘制出皮肤细微阴影结构与头发的阴影结构，如图 7-1-13 所示。

图 7-1-13　皮肤和头发细节处理

（12）头发细节的表现

①选择渐变效果定义头发的细节阴影色彩，左侧为（R:225;G:214;B:125），右侧为（R:237;G:230;B:168）。

②根据头发的结构特点绘制头发的细节部分，逐步体现其结构特征，如图7-1-14所示。

图 7-1-14　头发细节的表现

（13）面部阴影处理

①设定人物面部色彩（R：255；G：210；B：195）。

②根据女性特征，选择"钢笔工具"，绘制人物面部阴影效果。

③设定人物面部腮红的渐变效果，左侧粉色（R：249；G：106；B：194），右侧深紫色（R：244；G：237；B：233），再设定"径向"渐变，选择"椭圆形工具"拖拽出腮红的效果，如图 7-1-15所示。

图 7-1-15　面部阴影处理

（14）丰富面部细节

①在阴影的效果中，选择"钢笔工具"，进一步绘制面部五官的细节。

②嘴唇色彩为（R：247；G：195；B：181），嘴唇暗部为（R：242；G：187；B：173），嘴唇暗部深入刻画为（R：234；G：130；B：113）。

③鼻子色彩为（R：247；G：195；B：181），透明度为 35％，鼻子暗部为（R：244；G：206；B：200），透明度为 61％，鼻子暗部深入刻画为（R：242；G：191；B：187），透明度为 60％。

④选择白色为嘴唇与鼻子点缀高光,如图 7-1-16 所示。

图 7-1-16　丰富面部细节

(15) 绘制眼睛

①设定人物眼睛暗部色彩(R:17;G:6;B:11)。

②选择"钢笔工具",勾出眼睛的外轮廓,此处需要对睫毛进行细致的处理,可以将范例中的眼睛局部放大,仔细观察。

③设定人物眼白色彩(R:0;G:0;B:0)。

④根据线稿眼部效果,选择"钢笔工具"绘制出眼白轮廓,在此基础上再进行眼珠的绘制。

⑤选择"钢笔工具"绘制出眼珠轮廓,第一层色彩设定为(R:17;G:6;B:11),第二层色彩设定为(R:115;G:96;B:91),第三层色彩设定为(R:81;G:66;B:63),第四层色彩设定为(R:17;G:6;B:11)。

⑥选择"椭圆形工具"制作高光,色彩设定为白色(R:0;G:0;B:0),如图 7-1-17 所示。

图 7-1-17　绘制眼睛

(16) 帽子细节处理

①在整体效果中帽子的处理至关重要,注意细节的点缀,在这里定义色彩为白色

（R:0;G:0;B:0）。

②选择"椭圆形工具"，按住 Alt 键拖拽出正圆，降低透明度为 10％，缩放并复制粘贴至帽子的阴影处，根据帽子的结构特点进行排列，如图 7-1-18 所示。

图 7-1-18　帽子细节处理

（17）设置背景

现在人物色彩比较统一，那么就需要在背景的处理上尽可能表现夸张。选择"矩形工具"，对其进行绘制，色彩基本上选择暗色，偶尔选择亮色点缀，如图 7-1-19 所示。

图 7-1-19　设置背景

2. 制作音乐元素商业插画

（1）最终效果展示

打开音乐元素商业插画成品文件，在制作前先分析制作结构与设计思路，如图 7-1-20所示。

（2）制作乐器大体结构

①新建一个 A4 大小，横向的绘图区，在高级选项中选择色彩模式为 RGB。

②选择乐器的效果图片，将其拖拽至参考区域，锁定其图层。

图 7-1-20　音乐元素商业插画最终效果

③新建图层,选择"钢笔工具",勾出乐器的大体结构,如图 7-1-21 所示。这是一把铜管乐器,金属器皿的光线表现效果比较锐利,在制作的过程中要认真分析。

图 7-1-21　制作乐器大体结构

（3）处理阴影细节

在结构的表现中进一步用渐变表现出金属器皿的流光效果,参考范例的效果,选择"钢笔工具"勾出阴影的细节部位,使整体效果显得更加丰富多彩,如图 7-1-22 所示。

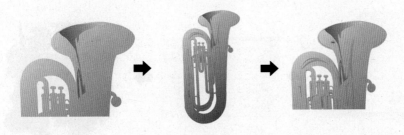

图 7-1-22　处理阴影细节

（4）添加高光效果

添加高光效果,用以表现金属器皿的质感。设定高光的色彩,选择"钢笔工具"勾出高光的视觉效果。注意在乐器的细节表现中,阴影与高光的分配关系,如图 7-1-23 所示。

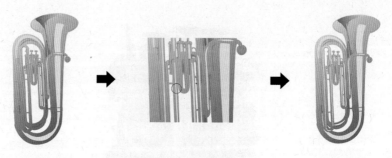

图 7-1-23　添加高光效果

（5）绘制肌理效果

打开背景的效果，可以看出背景的规律非常难以琢磨，在这里设计师主要运用了肌理设计效果。

①在纸上制作一张肌理图片，扫描到计算机中，可以选择毛笔或者是牙刷之类的工具，制作一些随意性很强的效果，如图 7-1-24 所示。

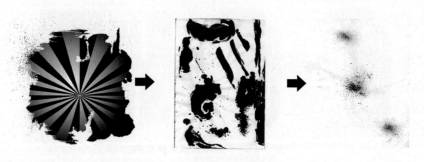

图 7-1-24　绘制肌理效果(1)

②制作肌理效果，单击菜单命令"对象→实施描摹→描摹选项"，根据图 7-1-25 所示进行设置，得出合成效果。

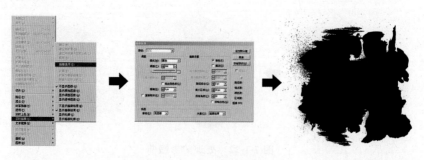

图 7-1-25　绘制肌理效果(2)

（6）绘制放射性效果

打开案例中附带的放射性效果图片，选择"路径查找器→形状模式→减去顶层"，将图片与肌理效果进行裁切并重新合成，如图 7-1-26 所示。

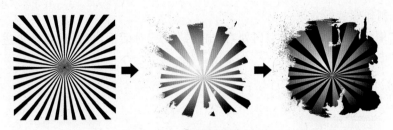

图 7-1-26 绘制放射性效果

（7）自制背景元素

读者可以为插图设计新的肌理效果，制作合成新的肌理，可以有效地利用软件自带的工具，例如星形工具，如图 7-1-27 所示。

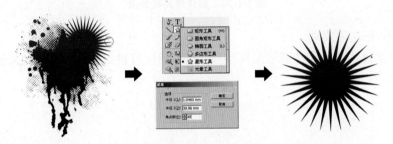

图 7-1-27 自制背景元素

（8）制作笔触

笔触的设计非常有趣，设计者可以根据自己的要求进行图像设计，把设计好的图像拖拽至画笔选项栏中，选择艺术画笔，设置方向效果，单击"确定"按钮即可，如图7-1-28所示。

在 IllustratorCS5 中，笔触样式非常多，在一般的设计中，直接选择内置笔触样式即可。

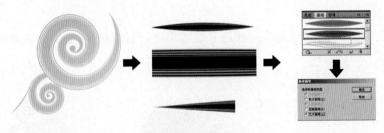

图 7-1-28 制作笔触

（9）合成笔触

在设置好的笔触效果中，可以选择"螺旋线工具"进行调整，如图 7-1-29 所示。

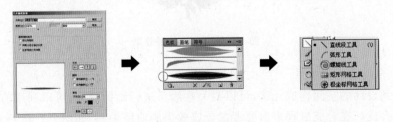

图 7-1-29 合成笔触

（10）制作螺旋线效果

选择"螺旋线工具"，单击空白处，弹出"螺旋线"对话框，根据最终效果进行段数设置，如图7-1-30所示。

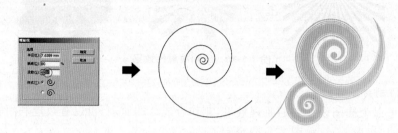

图 7-1-30　制作螺旋线效果

（11）制作花饰效果

利用"螺旋线工具"与"钢笔工具"进行花饰设计，可根据画面的整体效果进行调整，如图7-1-31所示。

图 7-1-31　制作花饰效果

（12）制作背景效果

在背景的制作中，可以选取一些已有的效果进行复制粘贴，再次合成制作新的视觉效果，如图7-1-32所示。

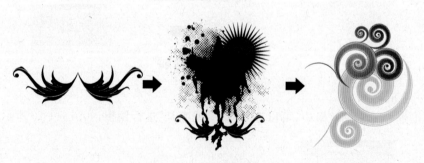

图 7-1-32　制作背景效果

（13）合成前元素效果

考虑到设计的空间构成元素，可以找一些线条进行画面修饰，可以利用前面所学的线条进行合成。在合成过程中需要考虑合成效果的前后关系，如图7-1-33所示。

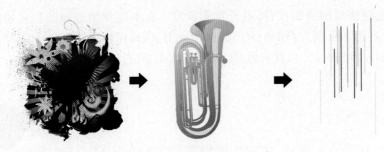

图 7-1-33　合成前元素效果

（14）合成最终效果

在一系列的素材叠加中逐步形成新的元素效果，在这里需要读者认真分析，结合新的构思可以创造出新的视觉效果，如图 7-1-34 所示。

图 7-1-34　合成最终效果

7.2　命题商业插画设计

1. 效果分析

打开命题商业插画最终视觉效果，这幅插图选择的是玄幻的表现手法，通过对人物外形表现可以看出人物性格的种种迹象。读者需要对图片进行整体的结构分析，重点对人物的表现形式进行研究，分析色彩关系与结构特征，如图 7-2-1 所示。

图 7-2-1　命题商业插画

打开命题插画的线稿文件,进行色彩设定。在本范例中选择的色彩如图 7-2-2 所示,右侧自上而下分别为:褐色(R:158;G:98;B:44),深褐色(R:109;G:82;B:37),灰色(R:156;G:160;B:169),深灰色(R:53;G:51;B:52)。

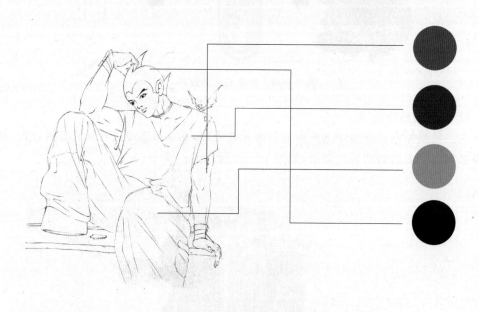

图 7-2-2　色彩设定

2. 效果绘制

(1) 绘制男性皮肤

①新建一个 A4 大小,横向的绘图区,在高级选项中选择色彩模式为 RGB。

②选择放射性效果图案,将其拖拽至参考区域,锁定其图层。

③新建图层,对皮肤色彩进行绘制,选择"钢笔工具",根据角色的皮肤轮廓进行色彩绘制,在皮肤与外界衔接处要进行细致的表现,皮肤与头饰以及衣物衔接处可以多绘制一部分,以便于与头饰衣物的色彩衔接,如图 7-2-3 所示。

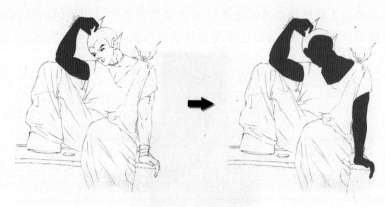

图 7-2-3　绘制男性皮肤

（2）绘制头饰与上衣

选择"钢笔工具"，并使用事先定义好的角色上衣与头饰的色彩，根据角色的上衣与头饰轮廓依次进行色彩绘制，在衣物的绘制过程中注意细节的表现。要注意与皮肤的衔接部位的覆盖效果，头饰的表现注意线条的流畅性，如图 7-2-4 所示。

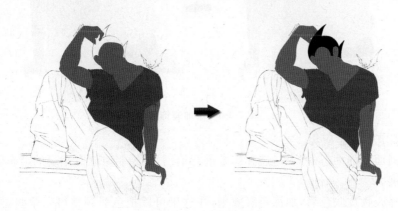

图 7-2-4　绘制头饰与上衣

（3）绘制裤子与脚部

选择"钢笔工具"，并使用事先定义好的角色衣物与头饰的色彩，根据角色的裤子与脚轮廓依次进行色彩绘制，如图 7-2-5 所示。

图 7-2-5　绘制裤子与脚部

（4）添加装饰物

①选择"钢笔工具"勾出人物的装饰物护腕，在这些部位的效果表现中应注意结构的表现特征，以及画面的整体效果。

②选择"矩形工具"拖拽出长方形，为人物添加背景凳子效果，在制作中可以将裤子的灰色直接用于插画的表现中，再将凳子与画面平行的部位选择"矩形工具"拖拽出来，色彩可以在灰色基础上适当加深，如图 7-2-6 所示。

图 7-2-6　添加装饰物

（5）细节的色彩应用

①为画面添加动态的效果，选择蝙蝠进行绘制，在绘制时注意蝙蝠的动态效果以及翅膀的延展。

②选择人物皮肤色彩，加深色彩效果，在这里可以把色彩调整得夸张些，便于人物性格的表现，在人物的肌肉结构表现中应仔细分析线稿，同时可以参阅一些真实男性健美图片，如图 7-2-7 所示。

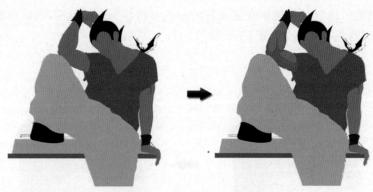

图 7-2-7　细节的色彩应用

（6）细化上衣效果

根据人物动作分析上衣的结构关系，绘制上衣的阴影效果，在绘制过程中要反复调整效果，因为大阴影效果会直接影响到画面绘制的最终效果，如图 7-2-8 所示。

图 7-2-8　细化上衣效果

（7）细化裤子效果

绘制裤子结构效果，在绘制过程中注意人物动作特征，仔细研究光线的折射位置，在绘制过程中应认真调整，从而达到满意的视觉效果，如图7-2-9所示。

图 7-2-9　细化裤子效果

（8）处理阴影细节

在结构大致绘制完成后，进行角色进一步的效果表现。首先还是针对皮肤进行调整，在调整的过程中对皮肤的色彩进一步选择加深，如图7-2-10所示。

图 7-2-10　处理阴影细节

（9）处理身体细节

为人物皮肤进行整体细节刻画，有效地选择反差较大的色彩进行皮肤细节设定，在处理过程中应注意对细节进行简约而有视觉效果的绘制，这一步的处理难度较大，所以需要读者进行认真分析，如图7-2-11所示。

图 7-2-11　处理身体细节

（10）处理整体细节

定义角色的整体细节效果，注意动作的大面积跨度，同时注意身体与凳子之间的衔接，可以看出如果细节抓得准，人物的形体结构就很容易表现出来，人物的形态特点也可以逐步体现，如图 7-2-12 所示。

图 7-2-12　处理整体细节

（11）绘制五官

为人物绘制眼部效果，在绘制过程中注意位置的确定。鼻子与嘴的效果只需要针对线稿的定位进行点缀性绘制。针对五官的特点应对其进行反复调试，从而达到更好的表现效果，如图 7-2-13 所示。

图 7-2-13　绘制五官

（12）细化眼部

对人物五官进行进一步绘制，注意眼部细节表现，包括色彩的设定，在这里选择的是另类的深红色，红色的眼睛在很多影像中都是邪恶的象征，绘制到此处时人物的性格逐渐凸显。

选择"钢笔工具"绘制出眼睛细节，在绘制过程中因为叠加关系较为复杂，需要读者对源文件进行拆分，分析色彩数值与透明度，如图 7-2-14 所示。

图 7-2-14　细化眼部

（13）绘制眼球

①进一步刻画眼球，使得人物性格分外明朗，在此处读者可以根据自己的意愿加以艺术渲染，比如改变眼部细节的色彩设定。

②人物眼球表现层为三层，设定眼球底层的色彩效果（R：178；G：0；B：0），设定眼球中层的色彩效果（R：89；G：0；B：0），设定眼球顶层的色彩效果（R：127；G：0；B：0）。

③眼球顶部纹理效果需要选择"钢笔工具"勾出色彩效果（R：158；G：45；B：45），如图 7-2-15 所示。

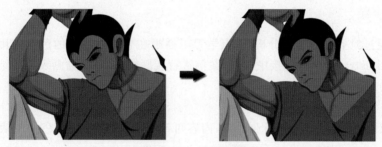

图 7-2-15　绘制眼球

（14）调整细节

考虑到画面的深入程度，应该对画面进行高光的补充，使角色的整体效果更加明显。针对高光效果进行反向细节的调整，这里采取的是对暗部细节的再次刻画色彩效果（R：64；G：79；B：87），如图 7-2-16 所示。

图 7-2-16　调整细节

(15) 最终合成效果

①整体效果绘制到尾声时,可以针对画面进行补充修饰,例如,选择"钢笔工具"绘制破裂的裤子效果,在这里可以针对画面进行夸张的修饰。

②背景合成,针对画面进行修饰性的表现,可以选择"矩形工具"对画面背景进行色彩调整,以烘托画面的视觉冲击力,如图 7-2-17 所示。

图 7-2-17　最终合成效果

本章小结

本章通过对插画的基础分析,重点学习了插画在表现方法上的色彩应用与造型技巧。在与 Illustrator 进行对接中,通过案例进行实际操作,解决插画表现的结构问题。

课后练习

1. 设计一张简单的人物商业插画,内容可参考教学案例,注意色彩的表现关系与形式。

2. 讨论插画中色彩的应用方法和结构的表现形式。

InDesign 与平面媒体

本章主要讲解平面媒体的版式设计基础知识，通过对 InDesign 的认识让读者了解设计与软件的高度结合关系，以图 8-0-1 为例，InDesign 为杂志、书籍、广告等灵活多变、复杂的设计工作提供了一系列完善的排版功能。由于该软件是基于一个创新的、面向对象的开放体系（允许第三方进行二次开发，扩充加入功能），所以大大增强了专业设计人员用排版工具软件表达创意和观点的能力。

图 8-0-1 版式设计

8.1 平面媒体

平面媒体最初起源于广告界，因为报纸、杂志上的广告都是平面广告。传统媒体是相对于近几年兴起的网络媒体而言的，以传统的大众传播方式即通过某种机械装置定期向社会公众发布信息或提供教育娱乐的交流活动的媒体，包括电视、报刊、广播三种传统媒体。通常我们又把它们称为平面媒体。如图 8-1-1 所示，平面媒体形式在报刊与书籍中的应用。

图 8-1-1　平面媒体

　　传统媒体中,报纸新闻是以文字传播为主,记者在报道复杂的新闻事件时只能采取单一的、线性的报道方式,对客观的新闻实践需要做抽象地概括,难免与客观真实有所差距;受版面限制,新闻信息的容量有限,只能截取最有新闻价值的,迎合大多数人的阅读取向的信息,因而缺乏个性化,不能全面满足受众的阅读需要;受出版时间的限制,报纸新闻的更新速度只能以"天"为单位,虽然可以用"号外"的方式补充重要的新闻信息,但在现在这个信息时代,报纸的新闻时效性和新闻含量远远落后于网络;发行量受数量和地域的限制,导致新闻源有限和传播效果覆盖面有限;印刷的报纸存储繁琐,检索查询更是劳心费力。在印刷广告中,媒体的展示形式非常多样,如图 8-1-2 所示,作者以平面的结构关系讲述以"大敦煌"为主题的画面效果。

图 8-1-2　广告设计

　　网络媒体突破了时空观念和媒体限制,表现出极大的开放性。网络中每一个成员可以平等地共享网上信息,在世界任何地方,只要有计算机,只要与互联网接通,就可以获取发生在世界任何一个地方的信息。网络将信息自由的空间下放给每一个普通老百姓,每个普通人都可以获得与世界同步发展的机会。网络媒体让受众感到了空前的平等与民主,这是传统媒体无法提供的享受与权力。如图 8-1-3 所示为平面媒体转向网络媒体的示意图。

图 8-1-3　平面媒体转向网络媒体

8.2　InDesign 应用基础

8.2.1　初识 InDesign

InDesign CS5 软件是一个定位于专业排版领域的设计类软件,是面向公司专业出版方案的平台。它基于一个新的开放的面向对象体系,可实现高度的扩展性,还建立了一个由第三方开发者和系统集成者可以提供自定义杂志、广告设计、目录、零售商设计工作室和报纸出版方案的核心,同时可支持插件功能。

InDesign 应用基础部分的学习主要针对读者对软件的认识与了解,在学习的过程中逐步深入,以便在后期的工作中进行有效的应用。在 InDesign 中掌握文件的设置非常重要,在此项内容的学习中主要掌握文件性质与操作属性,在学习中可以逐渐感受到 InDesign 的不同之处。

1. 工作区基础知识

在 InDesign 中工作区域如图 8-2-1 所示。

- 文档窗口:一个可以在其中设计和创作的文档窗口。
- 工具箱:一个包含各种创作和排版工具的工具箱。
- 面板:一些帮助检查版面效果并进行修改的面板。
- 菜单栏:包含各种任务命令的菜单。

可以通过移动、隐藏或显示面板,放大或缩小版面,滚动到文档窗口的其他区域,以及创建多个窗口和视图等方法来重排工作区,从而最大限度地满足用户的需要。此外,使用工具箱底部的"模式"按钮,还可以更改文档窗口的可视性。

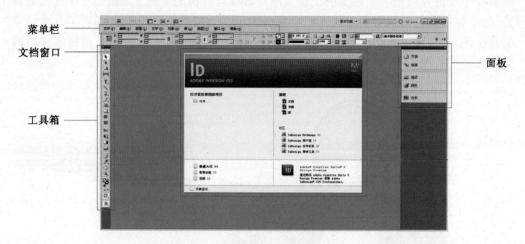

菜单栏

文档窗口

面板

工具箱

图 8-2-1　InDesign 全局开启界面

·正常模式：在标准窗口中显示版面及所有可见网格、参考线、非打印对象和空白粘贴板等。

·预览模式：完全按照最终输出显示图片，所有非打印元素（网格、参考线和非打印对象等）都被禁止，粘贴板被设置为"首选项"中所定义的预览背景色。

·出血模式：完全按照最终输出显示图片，所有非打印元素（网格、参考线、非打印对象等）都被禁止，粘贴板被设置为"首选项"中所定义的预览背景色，而文档出血区（在"文档设置"中定义）内的所有可打印元素都会显示出来。

·辅助信息区模式：完全按照最终输出显示图片，所有非打印元素（网格、参考线、非打印对象等）都被禁止，粘贴板被设置为"首选项"中所定义的预览背景色，而文档辅助信息区（在"文档设置"中定义）内的所有可打印元素都会显示出来。

2. 设置文档的页面

新建文件首先选择菜单命令"文件"→"新建"→"文档"，在弹出的"新建文档"对话框中，选择"主页文本框架"选项，单击"版面网格对话框"按钮，如图 8-2-2 所示。

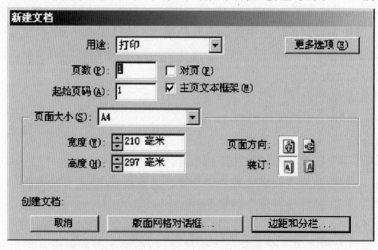

图 8-2-2　InDesign 新建文件界面

8　InDesign 与平面媒体

138

3. 正文文本外观基本设置

在正文文本外观基本设置中,选择"新建版面网格"对话框,指定网格属性、每行的字符数、行数、分栏数、网格起点和其他设置,然后创建文档,如图 8-2-3 所示。

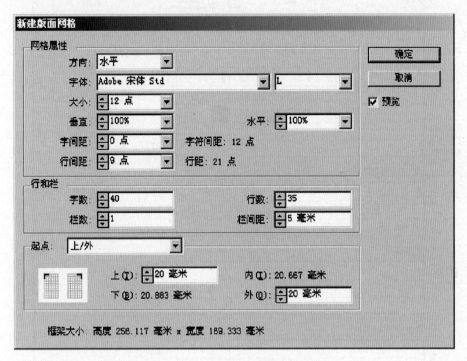

图 8-2-3　InDesign 版面网格界面

4. 置入文本

置入文本设置,选择菜单命令"文件"→"置入",选择"应用网格格式"选项,双击准备的文本文件。当指针变为文本置入图标时,将其在框架网格内移动。当图标被括在括号内时,按住 Shift 键的同时单击(自动排文),如图 8-2-4 所示。

5. 段落与避头尾设置

首先使用"文字"工具或"直排文字工具"选择一个或多个段落。InDesign 中设定了中日韩文的避头

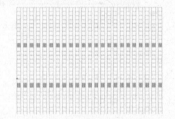

图 8-2-4　InDesign 网格效果

尾规则,可以根据所排的语言选择相应的设置。要创建有别于默认设置的避头尾规则,可在"避头尾规则集"对话框中设置,如图 8-2-5 所示。然后在"段落"对话框中的"避头尾设置"下拉菜单中选择相应规则设置指定段落,如图 8-2-6 所示。

6. 定义标点挤压集

在定义标点中,从"段落"面板的"标点挤压设置"中选择现有设置,或选择"基本"选项来自定义标点符号的间距,如图 8-2-7 所示。

图 8-2-5　InDesign 避头尾规则集

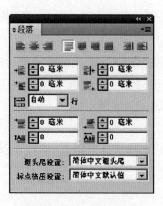

图 8-2-6　InDesign 段落

图 8-2-7　InDesign 标点挤压设置

选择"基本"选项后,可以从头开始创建新集,或者从"标点挤压设置"对话框中复制当前选择的标点挤压集,还可以定义单独标点符号、相邻标点符号的挤压、段落首行缩进,以及罗马字和中文之间的间距。

例如,如果段落开头有一个前括号,那么在"段落首行缩进"部分,可以在"段首前括号"中,选择"半角前括号"或"全角前括号"。半角前括号和全角前括号如图 8-2-8 所示。

要调整括号在句子中的间距,可从"行中"、"行首"或"行尾"中,为标点符号挤压集中的每种括号选择一个值。其最小值为 0~50%,将自动设置最合适的值。要固定间距,可选择一个固定值,如 50%。

图 8-2-8　InDesign 半角、全角

7. 创建新书籍与添加至书籍

选择菜单命令"文件"→"新建"→"书籍",设置新书籍的名称。将显示"书籍"面板,并会以所设置书籍名创建一个选项卡。与其他面板不同的是,"书籍"面板打开时,会显示一个书籍文件已打开。将要添加的文档拖到"书籍"面板中,如图 8-2-9 所示。

当从"页面"面板中为每个文档选择"自动页码"后,将按照文档的添加顺序自动分配连续页码(即使文档未打开,内容也会更改)。此外,从任何文档中添加或删除页面时,将自动对页码进行重新分配。

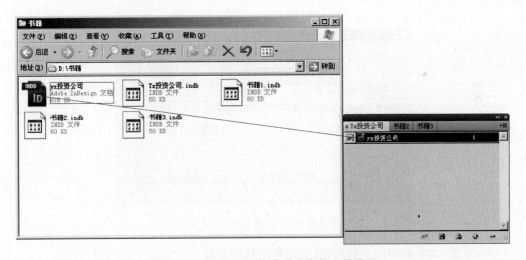

图 8-2-9　InDesign 新建书籍及书籍设置界面

8. 同步文档

如果在书籍面板中选择"同步选项"命令,则可以调整目录、字符、段落、陷印、色板、网格、避头尾、复合字体、比例间距和标点挤压样式,使其与样式源(面板左侧的图标所指示的文档)匹配,如图 8-2-10 所示。

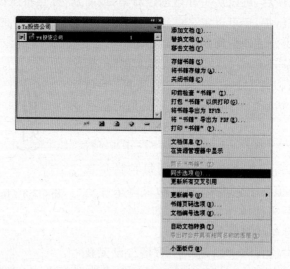

图 8-2-10   InDesign 同步选项

8.2.2   文件设置

1. "新建文档"对话框

启动 InDesign,执行菜单命令"文件"→"新建"→"文档",打开"新建文档"对话框,如图 8-2-11 所示。

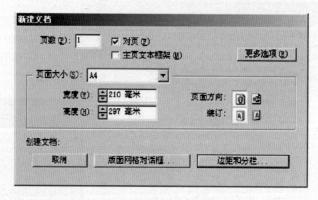

图 8-2-11   "新建文档"对话框

• 页数:文本框中输入数值,设置创建文档的页数。

• 对页:选中该复选框可以创建两个连页的文档,取消则可以创建单页的文档,如图 8-2-12 所示。

• 主页文本框架:可以在名为"A-主页"中创建一个按照指定的分栏与版心大小相同的文本框。

• 页面方向:单击该选项中的图标,可以调整和转换"宽度"选项和"高度"选项中的参数,使页面横宽或竖高。这些图标也会随着在"宽度"选项和"高度"选项中输入的数值而动态调整。当高度的数值较大时,"纵向"按钮被选取。当宽度的数值较大时,"横向"按钮被选取。单击未被选中的图标会使高度和宽度的数值交换。

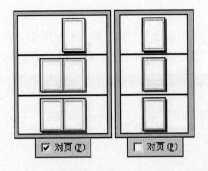

图 8-2-12　选中和取消"对页"选项的效果

·装订：指定装订的方向，一般正常书籍为左装订，特殊的书籍为右装订。装订方式并不影响页面中的对象，但会直接影响到"页面"面板中的显示方式，如图 8-2-13 所示。

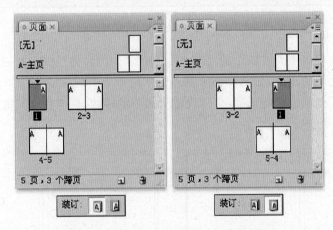

图 8-2-13　"装订"选项对应的"页面"面板

·更多选项：单击该按钮，可以打开"出血和辅助信息区"选项组。

·出血：出血区域用于安排超出页面尺寸之外的出血内容。在裁切带有超出成品边缘的图片或背景的作品时，因裁切误差可能会露出白边，出血正是为了避免白边出现而采取的预防措施，通常是把页面边缘的图片或背景向成品页面外扩展 3mm。使用 InDesign 中的"出血区域"功能，可以在页面黑色实线外的粘贴板上放置一个红色框，用来确定出血的位置，如图 8-2-14 所示。

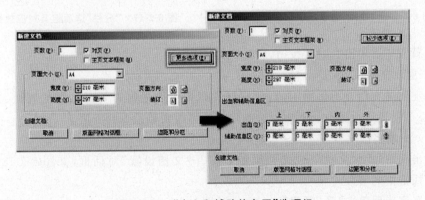

图 8-2-14　"出血和辅助信息区"选项组

2. "新建边距和分栏"对话框

在"新建文档"对话框的右下角是"边距和分栏"按钮，单击该按钮可以创建一个空白的分栏文档。这时弹出"新建边距和分栏"对话框，如图 8-2-15 所示。

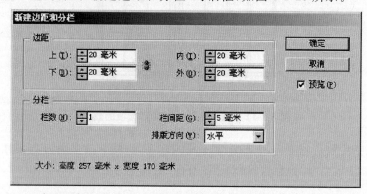

图 8-2-15　"新建边距和分栏"对话框

在"边距"选项组中共有四个选项，"上"、"下"、"内"和"外"选项，这四个选项分别设置版心和页边之间的距离，如图 8-2-16 所示。

设置"分栏"选项组中的选项，可以设置页面中的栏数、栏与栏之间的距离和栏的方向，如图 8-2-17 所示。

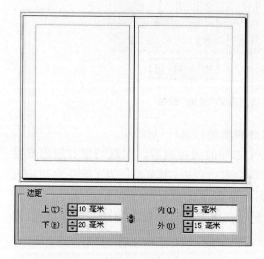

图 8-2-16　"边距"选项组及对应效果

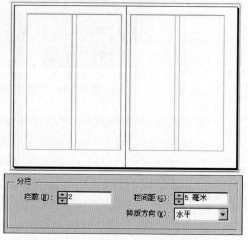

图 8-2-17　"分栏"选项组及对应效果

设置完毕后单击"确定"按钮，新建文档。

3. 更改文档设置

创建后的文档并不是固定的，在设计过程中可以根据需要对文档的页数、页面大小、版心等设置进行更改。下面通过操作学习更改文档设置的方法。

（1）更改文档设置

单击菜单命令"文件"→"文档设置"，打开"文档设置"对话框，如图 8-2-18 所示。设置对话框中的参数。

设置完毕后单击"确定"按钮。

图 8-2-18 "文档设置"对话框

（2）更改边距与分栏

单击菜单命令"版面"→"边距和分栏"，打开"新建边距和分栏"对话框，如图 8-2-19 所示，设置对话框中的参数。

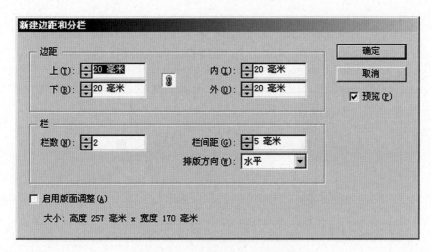

图 8-2-19 "边距和分栏"对话框

设置完毕后单击"确定"按钮，关闭对话框，页面效果如图 8-2-20 所示。

如果需要设置文档中的全部页面。单击菜单命令"窗口"→"页面"，打开"页面"面板。双击"A-主页"名称，使该主页成为目标页面，如图 8-2-21 所示。

再次打开"边距和分栏"对话框，设置对话框的参数，如图 8-2-22 所示。

设置完毕后单击"确定"按钮，关闭对话框。接着在"页面"面板中双击第 1 页，然后按住 Alt 键的同时单击"A-主页"，将该主页应用到第 1 页。观察文档中的工作区域，可以看到文档中的所有页面都被更改，如图 8-2-23 所示。

单击菜单命令"视图"→"网格和参考线"→"锁定栏参考线"，将该命令前的对号取消。

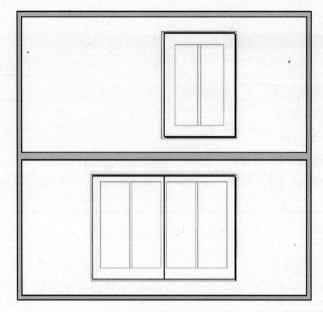

图 8-2-20　设置页面效果

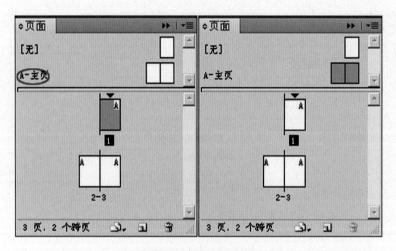

图 8-2-21　"页面"面板

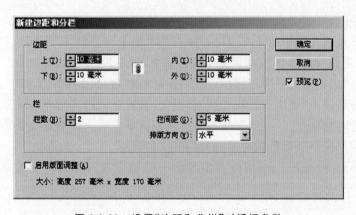

图 8-2-22　设置"边距和分栏"对话框参数

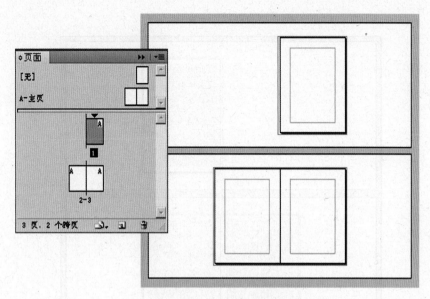

图 8-2-23　更改所有页面

　　然后选择工具箱中的"选择"工具，移动鼠标到栏参考线上，接着单击并拖动，即可设置栏参考线的位置，如图 8-2-24 所示。

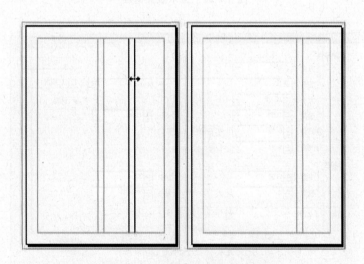

图 8-2-24　调整栏参考线的位置

（3）更改版面网格设置

单击菜单命令"视图"→"网格和参考线"→"显示版面网格"，可显示文档中的版面网格，如图 8-2-25 所示。

单击菜单命令"版面"→"版面网格"，打开"版面网格"对话框，如图 8-2-26 所示。

设置完毕后，单击"确定"按钮，即可设置版面网格。

4．存储文档

设置文档完毕后，单击菜单命令"文件→存储"，打开"存储为"对话框，如图8-2-27所示。

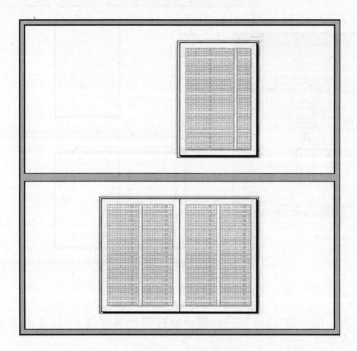

图 8-2-25 显示版面网格

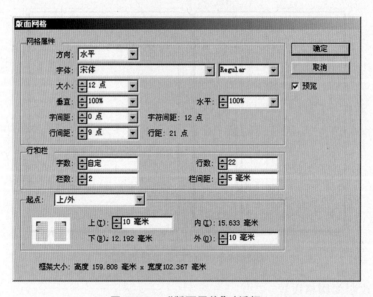

图 8-2-26 "版面网格"对话框

· 保存在：指定存储文件的位置，在此处单击将打开下拉列表以选择其他位置。

· 文件名：输入文本设置文件的名称。

当前文档没有存储过，那么就会弹出"存储为"对话框，选择存储的位置并设置文件的名称，将该文档存储。如果该文档已经有存储的位置和文件名称，那么单击菜单命令"文件→存储"会使更改后的文档覆盖原来位置上的文件并且不弹出对话框。

图 8-2-27　"存储为"对话框

设置完毕后,单击"保存"按钮,将该文档存储到指定的位置。

如果要进行多章节文本设定,可将章节反复进行存储,用以区分章节。

执行"存储为"命令可将当前的文档存储为副本文档,不更改原文档。

设置完毕后,单击"保存"按钮,将该文档存储为副本图像。

执行菜单命令"文件"→"存储副本",该命令将当前的文档存储为副本文档,但编辑对象为原文件,这时打开"存储副本"对话框,如图 8-2-28 所示。

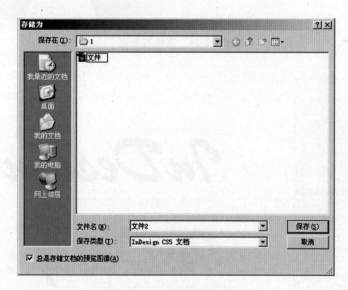

图 8-2-28　"存储副本"对话框

5. 恢复

InDesign 使用自动恢复功能用于在意外断电或是系统崩溃的情况下恢复前面的工作。自动恢复的数据位于临时文件中,该临时文件独立与磁盘上的原始文档文件,可以在"首选项"的"文件处理"中进行更改。在正常情况下不需要考虑自动恢复的数据，当意外断电或是系统崩溃后，重新启动计算机并运行 InDesign，如果自动恢复数据存在，InDesign 会自动显示恢复后的文档。

6. 关闭文档

单击菜单命令"文件"→"关闭"，可将当前的文档关闭。如果关闭文档时没有保存，将打开提示对话框，单击"是"按钮，保存文档并关闭；单击"否"按钮，关闭文档不保存；单击"取消"按钮，关闭提示对话框返回到文档中。

8.2.3 图形

在 InDesign 中，可以直接制作多种图形效果，具有对图形和文字色彩控制的强大功能。如阴影、羽化、透明和多重渐变等效果，如图 8-2-29 所示。对于文字，InDesign 在处理这些效果的同时，仍然保留了它原来的文字属性，如图 8-2-30 所示。

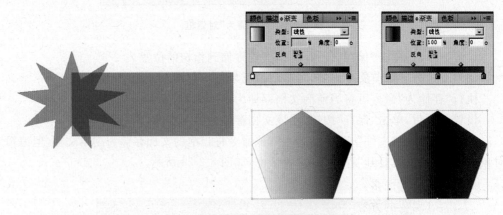

图 8-2-29　透明与渐变

图 8-2-30　字体效果

1. 了解路径和形状

因为之前已经对 Illustrator 图形制作有深入的掌握,所以在 InDesign 的绘图学习中主要了解路径绘制工具即可。这样可以绘制各种形状的图形,并完全支持复合路径。此外,对 InDesign 所提供的多种线条类型与自定义线条加以了解即可。

(1) 路径应用基础

在 InDesign 中,用户可以创建多个路径并通过多种方法组合这些路径。InDesign 可以创建下列类型的路径和形状。

①简单路径。简单路径是复合路径和形状的基本组成元素,简单路径由一条开放或闭合路径组成,有可能自交叉,如图 8-2-31 所示。

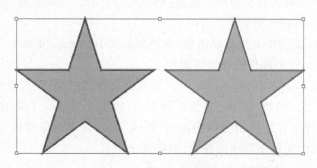

图 8-2-31　简单路径

②复合路径。复合路径由两个或多个相互交叉或相互截断的简单路径组成。复合路径比复合形状更基本。两个路径在一起生成复合路径,就可以让中间的部分镂空。组合到复合路径中的多条路径相当于一个对象并具有相同的属性(例如颜色或描边样式),实现复合路径的方法为:选中图形并右击,在快捷菜单中选择"路径查找器"命令,如图 8-2-32 所示。

③复合形状。复合形状由两条或多条路径、复合路径、群组、混合、文本轮廓、文本框架组成,或由彼此相交和截断以创建新的可编辑形状的其他形状组成。有些复合形状虽然显示为复合路径,但是它们的复合路径可以在每条路径的基础上进行编辑并且不需要共享属性,如图 8-2-33 所示。

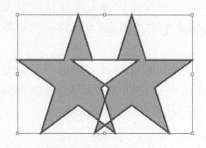

图 8-2-32　复合路径

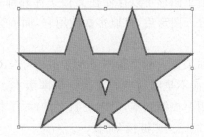

图 8-2-33　复合形状

(2) 路径的结构特点

在绘图时,可以创建称为路径的线条。路径由一个或多个直线或曲线线段组成。每个线段的起点和终点由锚点标记。路径可以是闭合的(例如,圆圈);也可以是开放的并具有不同的端点(例如,波浪线)。

通过拖动路径的锚点、方向点(位于在锚点处出现的方向线的末尾)或路径段本身,可以改变路径的形状。

在此处学习过程中,可以参阅 Illustrator 图形制作基础。

2.导入 Illustrator 和 Photoshop 文件

(1) 在 Illustrator 中编辑图形

将图形存储为 Illustrator 固有格式(.ai)。使用菜单命令"编辑"→"编辑原稿",在 Illustrator 中打开图形,然后在其中进行编辑。对于在 Illustrator 中扩展后的图形,或是已经是最终格式的图形,不应对其进行编辑。在 InDesign 中,可以置入一个固有 Illustrator 图形,然后将其转换为单个对象,例如调整它的大小或对其进行旋转。

(2) 导入 Illustrator 图形

在 Illustrator 文档中直接复制图形,即可复制到 InDesign 文档中。

(3) 在 InDesign 中调整图层的可视性

将 Illustrator 文件存储为分层的 PDF 格式。对于某些文档,需要根据上下文控制图形的图层可视性。例如,在多语言出版物中,可以创建这样一个插图:其中的每个文本图层都对应一种语言。使用分层的 PDF 格式,可以将该插图变换为 InDesign 中的单个对象,但是无法编辑插图中的路径、对象或文本。

(4) 在 InDesign 中编辑对象和路径

从 Illustrator 中复制图片,然后将其粘贴到 InDesign 文档中。对于某些图形,可能希望先将其置入 InDesign 文档中,然后再进行编辑。例如,可能在每一期的杂志中都使用相同的设计元素,但希望每月都更改它的颜色。如果是将图形粘贴到 InDesign 中并在其中编辑,则无法设置图层透明度或编辑文本。

3.管理图形链接

(1) 关于链接和嵌入的图形

置入图形时,它的原始文件实际上并未复制到文档中。InDesign 只是在版面中添加了该文件的屏幕分辨率版本,以便用户可以查看和定位图形,然后创建指向磁盘上原始文件的链接或文件路径。导出或打印时,InDesign 使用链接检索原始图形,然后根据原始图形的完全分辨率版本创建最终输出。

由于图形可以存储在文档文件外部,因此,使用链接可以最大限度地降低文档大小。置入图形后,可以多次使用它,而不会使文档大小明显增大;也可以一次更新所有链接。

如果置入的位图图像小于或等于 48KB,InDesign 将自动嵌入图像的完全分辨率版本,而不是版面中的屏幕分辨率版本。InDesign 将这些图像显示在"链接"面板中,以便用户控制版本,随时更新文件;为了获得最佳输出效果,可以不带链接。

(2) 关于"链接"面板

"链接"面板中列出了文档中置入的所有文件,其中包括本地(位于磁盘上)文件和被服务器管理的资源,如图 8-2-34 所示。

在"链接"面板中,链接文件按最新文件、修改文件、缺失文件和嵌入文件分别显示不同的链接图标。

·最新文件:最新文件只显示文件的名称以及它在文档中所处的页面。

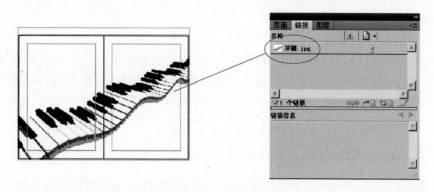

图 8-2-34 "链接"面板

·修改文件:修改的文件会显示修改的链接图标,即带感叹号的黄色三角形。此图标表示磁盘上的文件版本比文档中的版本新。例如,如果将 Photoshop 图形导入到 InDesign 中,然后由其他用户编辑并存储 Photoshop 中的原始图形,则会显示此图标。

·缺失文件:缺失文件会显示缺失的链接图标,即带问号的红色圆形。图形不再位于导入时的位置,但仍存在于某个地方。如果在导入 InDesign 文档后,将原始文件移到其他文件夹或服务器,则会出现此情况。在找到其原始文件前,无法知道缺失的文件是否是最新版本。如果在显示此图标的状态下打印或导出文档,则文件可能无法以全分辨率打印或导出。

·嵌入文件:嵌入的文件会显示一个方形,其中的形状表示嵌入的文件或图形。嵌入链接文件的内容,会导致该链接的管理操作暂停。如果选定链接当前处于"正在编辑"操作中,则不能使用此选项。取消嵌入文件,就会恢复对相应链接的管理操作。

(3)使用"链接"面板

在工作时可以使用"链接"面板识别、选择、监视和更新链接到外部文件的文件。

①显示"链接"面板。单击菜单命令"窗口"→"链接",即可显示"链接"面板,每个链接的文件和自动嵌入的文件都是通过名称来识别。

②选择和查看链接图形。在"链接"面板中选择一个链接,然后单击"转至链接"按钮,InDesign 会以选定图形为中心显示内容。

③对此面板中的链接排序。在"链接"面板菜单中可选择"按状态排序"、"按名称排序"或"按页面排序"。

(4)将文件嵌入文档中

可以将文件嵌入(或存储)到文档中,而不是链接到已置入文档的文件上。嵌入文件时,会断开指向原始文件的链接。如果没有链接,当原始文件发生更改时,"链接"面板将不发出警告,也无法自动更新相应文件。

此外还需要注意,嵌入文件与链接到原始文件不同,它会增加文档文件的大小。

(5)更新、重新建立、重新指定和替换链接

使用"链接"面板检查所有链接的状态,可以使用更新文件或替代文件来链接已更改文件。

更新或重新建立文件链接时,将保留在 InDesign 中执行的任何变换。例如,如果导入 4 cm×4 cm 的方形图形并将它旋转 30°,然后将它重新链接到未旋转的 6 cm×

8 cm图形，InDesign 将把替换图形缩小到 4 cm×4 cm 并将它旋转 30°，以便与它所替换图形的版面位置匹配。

（6）更新修改的链接

在"链接"面板中，若要更新特定链接，可选择一个或多个标记有修改的链接图标（图标为带感叹号的黄色三角形）。若要更新所有修改的链接，可单击"链接"面板的底部，先取消选择所有链接。再单击"更新链接"按钮，或在"链接"面板中选择"更新链接"。

本章小结

本章通过对 InDesign 所涉及的工作区、文件设置、图形及应用领域的讲解，为读者进一步学习整体设计奠定了理论常识基础。

课后练习

1. 举例说明传统媒体包括哪些领域。
2. 上机操作 InDesign，初步认识软件的操作。

InDesign 版式制作

在本章的学习中主要讲解版式制作基础,在学习过程中读者将学会以行业思维来认识技术应用以及所涉及范畴。以图 9-0-1 为例,版式在实践设计应用中决定了设计文件的可读性与视觉效果。

图 9-0-1 平面媒体版式设计

9.1 版式设计概述

在现代设计艺术中版式设计是其重要组成部分,同时也是视觉传达的重要手段。表面上看,它是一种关于编排的学问;实际上,它不仅是一种技能,更体现了技术与艺术的高度统一。版式设计可以说是现代设计者所必备的基本功之一。

1. 版式定义

版式的基本定义即是版面格式,具体指的是开本、版心和周围空白的尺寸,正文的字体、字号,字数、排列地位,还有目录和标题、注释、表格、图名、图注、标点符号、书眉、页码,以及版面装饰等内容的排法。

版式设计,就是在所设计版面上,将有限的视觉元素进行有机地排列组合。以图9-1-1为例,将理性思维与版式设计个性化地表现出来,是一种具有个人风格和艺术特色的视觉传送方式。传达信息的同时,也产生感官上的美感。版式设计的范围,涉及报纸、刊物、书籍(画册)、产品样本、挂历、招贴画、唱片封套和网页等平面设计各个领域。

图 9-1-1　版式设计(1)

2. 图形图像与版式设计

图形可以理解为除摄影以外的一切图和形,而图像又可以理解为视觉结构的静态影响。而图形图像设计师以其独特的想象力、创造力及超现实的自由构造,在排版设计中展示着独特的视觉魅力。

在一些国家,图形图像设计师已成为一种专门的职业。今天,设计师已不再满足或停留在手绘的技巧上,计算机新科技为图形图像设计师提供了广阔的表演舞台,促使图形的视觉语言变得更加丰富多彩。以图 9-1-2 的表现为例,图形主要具有简洁性、夸张性、具象性、抽象性、符号性和文字性等特征。

图 9-1-2　版式设计(2)

9.2 页面操作

在创建后的文档中可以添加、删除、移动、复制文档中的页面,这些对页面编辑的操作主要是在"页面"面板中进行。在对页面进行编辑时,页面中的内容也会随着操作进行改变,因此当需要删除、复制或移动页面中内容时,对页面进行操作也可以得到相应的效果。

1. 添加/删除页面

启动 InDesign,执行菜单命令"文件"→"新建"→"文档",创建一个 A4 大小 7 页的空白文档,如图 9-2-1 所示。

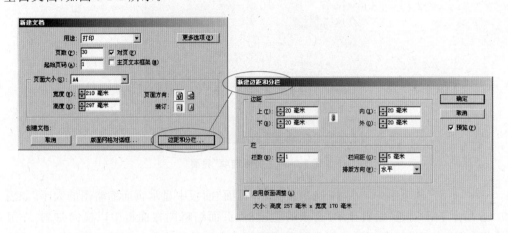

图 9-2-1 创建文档

执行菜单命令"窗口"→"页面",打开"页面"面板。

观察"页面"面板,在面板中显示当前文档中所有的页面缩览图和主页缩览图,如图 9-2-2 所示。

①新建页面。单击"页面"面板底部的"创建新页面"按钮,可以在当前显示页面的后面,新建一个页面,如图 9-2-3 所示。

②删除页面。单击"页面"面板底部的"删除选中页"按钮,即可删除选中的页面,如图 9-2-4 所示。

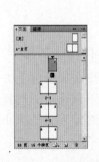

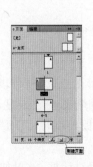

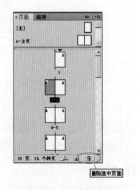

图 9-2-2 "页面"面板　　　　**图 9-2-3 新建页面**　　　　**图 9-2-4 删除页面**

2. 设置页面缩略图的显示

在"面板选项"对话框里可以设置在"页面"面板中显示页面缩览图或主页缩览图的大小、排列方向等面板。

单击"页面"面板右上角的菜单按钮，在弹出的菜单中单击"面板选项"命令，打开"面板选项"对话框，如图 9-2-5 所示。

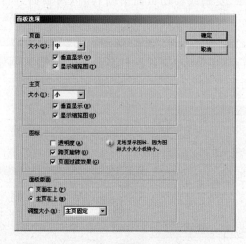

图 9-2-5 "面板选项"界面

在"页面"选项组中，"大小"选项设置在"页面"面板中显示页面缩略图的大小，如图 9-2-6 所示。不勾选"垂直显示"选项的复选框，页面缩略图在面板中以横向排列。"显示缩略图"选项设置页面缩略图是否显示页面中内容的缩略图。当缩览图过小时，将无法显示页面内容的缩览，此时"显示缩览图"选项不可用。

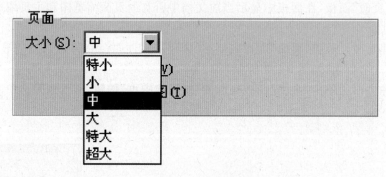

图 9-2-6 "大小"选项

在"主页"选项组中的选项和"页面"选项组中的选项相同，作用也相同。

在"面板版面"选项组中，选择"页面在上"选项可以使页面缩略图在面板的上方显示。选择"主页在上"选项可以使主页缩略图在上方显示，默认状态下该选项为选择状态。"调整大小"选项，在调整"页面"面板大小时，页面缩略图和主页缩略图范围大小的设置，如图 9-2-7 所示。

设置完毕后，单击"确定"按钮，关闭对话框，效果如图 9-2-8 所示。

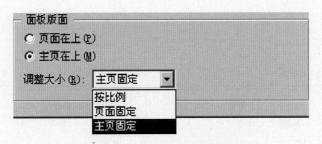

图 9-2-7 "面板版面"选项组

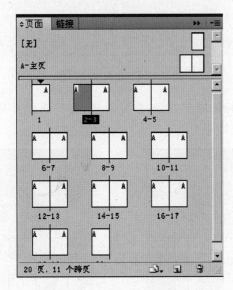

图 9-2-8 设置后的"页面"面板

3. 选择页面

单击页面缩略图,页面缩略图呈现蓝色,表示该页面为选择状态,如图 9-2-9 所示。

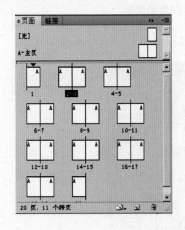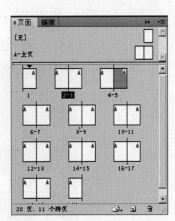

图 9-2-9 选择页面

在"页面"面板中还可以选择多个页面,多页面选择分以下三种情况。

①先单击某一个页面缩略图,再按住 Shift 键,在其他页面缩略图上单击,可以将两个页码之间所有的页面选中,如图 9-2-10 所示。

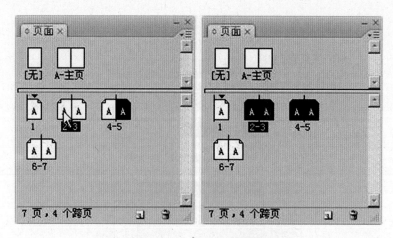

图 9-2-10　选择多个页面

②先单击某一个页面缩略图,再按住 Ctrl 键,在其他页面缩略图上单击,可以选择不相邻的页面,如图 9-2-11 所示。

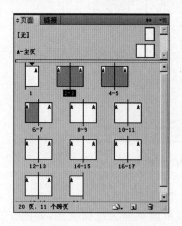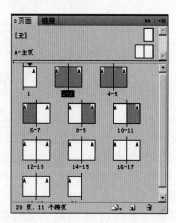

图 9-2-11　选择不相邻的页面

③在折页的页码上单击,可以选择折页,如图 9-2-12 所示。

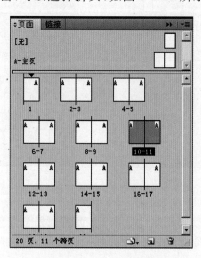

图 9-2-12　选择折页

9　InDesign 版式制作

在某一个页面缩略图上双击,在"页面"面板中该页的名称显示为反白状态,表示该页面为当前编辑的对象,也就是目标对象,并且在工作区域中显示该页,如图9-2-13所示。

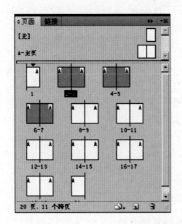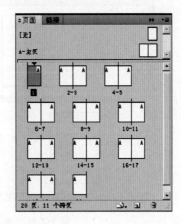

图 9-2-13　设置目标对象

4. 移动和复制页面

通过拖动"页面"面板中的页面缩略图可以移动或复制页面,也可以通过执行相应的命令来移动或复制页面。下面通过操作来学习移动和复制页面的方法。

（1）移动页面

单击"页面"面板右上角的按钮,在弹出的菜单中执行"移动页面"命令,打开"移动页面"对话框,如图 9-2-14 所示。

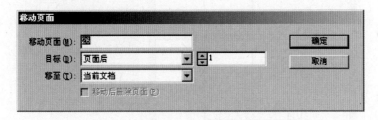

图 9-2-14　"移动页面"对话框

执行菜单命令"版面"→"页面"→"移动页面",同样可以移动页面到其他位置。

在"移动页面"选项的文本框中输入数值,可以指定需要移动的页面。

在"目标"选项的文本框中输入数值,指定页面移动到哪一页。然后单击下拉按钮,在弹出的下拉列表中选择移到指定页的具体位置,如图 9-2-15 所示。

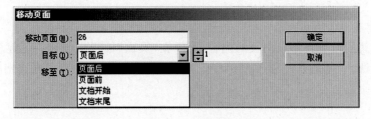

图 9-2-15　指定目标

在"移至"选项的下拉列表中可以将需要移动的页面移到当前打开的文档中。单击"取消"按钮,将对话框关闭,如图 9-2-16 所示。

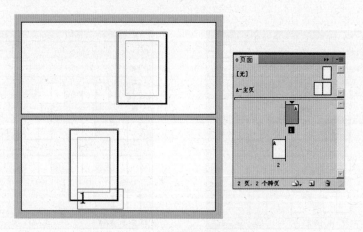

图 9-2-16　移动页面到其他文档

（2）复制页面

执行菜单命令"版面"→"页面"→"直接复制跨页",将选择的页面复制,并穿插到所有页面的最后,如图 9-2-17 所示。

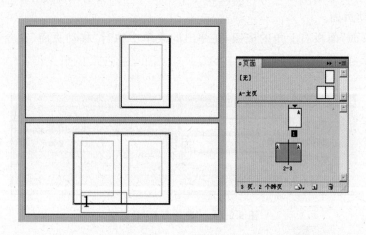

图 9-2-17　复制页面(1)

在"页面"面板中,按下 Alt 键的同时,拖动页面缩略图到面板的空白处,松开左键,将该页面复制,效果如图 9-2-18 所示。

使用鼠标拖动页面到需要移动的位置,即可将页面的位置更改,如图 9-2-19 所示。

5. 创建多页面折页

如果希望同时看到不止两页的内容,可以在"页面"面板中创建。创建多页面折页共有两种方法,一种是只在选择的页面上创建多页面折页,第二种是在文档中任意的页面上创建多页面折页。

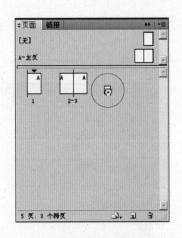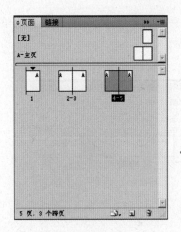

图 9-2-18　复制页面(2)

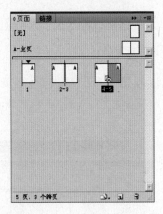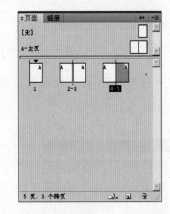

图 9-2-19　移动页面的位置

允许选定的跨页随机排布,转换"未标题－1"文档中选择 2－3 页,单击"页面"面板中的面板菜单按钮,在弹出的菜单中执行"允许选定的跨页随机排布"命令,这时选定页面的名称显示为带有中括号的状态,如图 9-2-20 所示,取消"允许选定的跨页随机排布"命令。

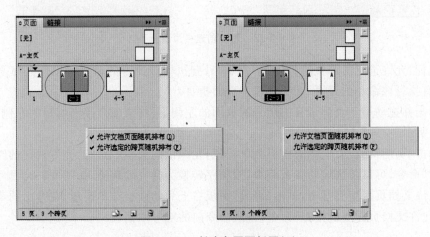

图 9-2-20　创建多页面折页(1)

单击并拖动第 4 页到带有中括号的页面上,可将页面连接到书籍的右侧,如图 9-2-21 所示。

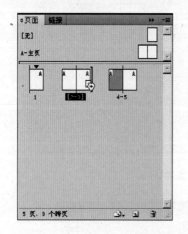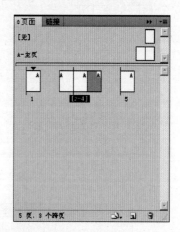

图 9-2-21　创建多页面折页(2)

移动第 5 页到第 6 页,可以发现第 5 页无法和第 6－7 页组合为多页面折页,如图 9-2-22 所示。

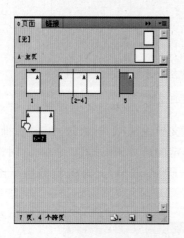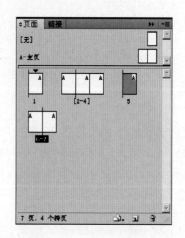

图 9-2-22　无法创建多页面折页

执行"允许选定的跨页随机排布"命令,只有执行该命令的跨页可以创建多页面折页,没有执行该命令的跨页,无法创建多页面折页。

单击并拖动第 5 页到带有中括号的页面的左侧,可将页面链接到书籍的左侧,如图 9-2-23 所示。

单击"页面"面板右上角的面板菜单按钮,在弹出的菜单中执行"允许选定的跨页随机排布"命令,可以将选定的多页跨页,按顺序转换为两页的跨页,如图 9-2-24 所示。

允许文档页面随机排布,单击"页面"面板右上角的面板菜单按钮,在弹出的菜单中执行"允许文档页面随机排布"命令,将该命令前的对号取消。

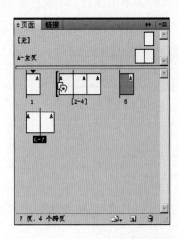
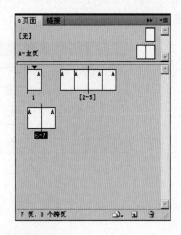

图 9-2-23　创建页面到书籍的左侧

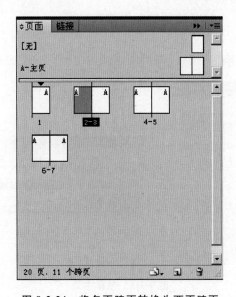

图 9-2-24　将多页跨页转换为两页跨页

9.3　主页应用

主页像一个背景,可以快速地应用到多个页面上。主页上的对象将显示在应用该主页的所有页面上。在主页上做的修改会自动应用到相关的页面。主页上通常包括重复出现的公司标志、页码、页眉和页脚等内容,还可以包括空的文本框或图片框,作为文档页面上的占位框。InDesign 中主页与主页间还可具有嵌套应用关系。

1. 创建主页

观察"页面"面板,在页面面板的上方为主页的显示区域,如图 9-3-1 所示。

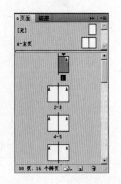

图 9-3-1　"页面"面板

单击"页面"面板右上角的面板菜单按钮,在弹出的菜单中执行"新建主页"命令,打开"新建主页"对话框,如图9-3-2所示。

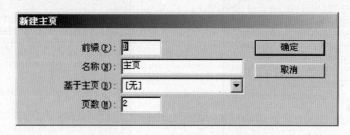

图 9-3-2 "新建主页"对话框

· 前缀:在该选项的文本框中输入一个字符,以标识"页面"面板中的各个页面所应用的主页。

· 名称:设置主页的名称。

· 基于主页:在另一个样式的基础上创建新样式。

· 页数:设置创建的主页页数。

设置完毕后,单击"确定"按钮,即可创建新的主页,如图 9-3-3 所示。

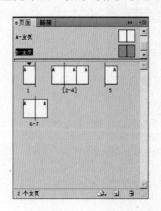

图 9-3-3 创建主页

按住 Ctrl 键,单击"创建新主页跨页"按钮,可以创建新的主页,如图 9-3-4 所示。

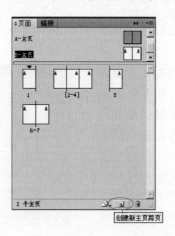
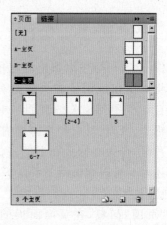

图 9-3-4 创建新主页跨页

2．应用主页

主页是通过"页面"面板主页部分(缺省为上半部分)的主页图标或是"页面"面板的菜单命令来管理的。每个主页有一个名称前缀,出现在使用该主页的页面图标之上。

观察"页面"面板中的页面,在每个页面上都有一个字母 A,表示这些页面都应用了名为"A-主页",如图 9-3-5 所示。

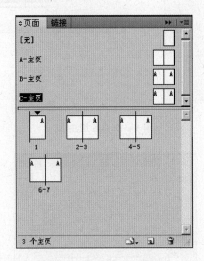

图 9-3-5 "页面"面板

单击"页面"面板右上角的按钮,在弹出的菜单中执行"将主页应用于页面"命令,打开"应用页面"对话框,如图 9-3-6 所示。

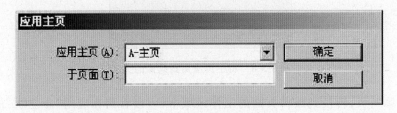

图 9-3-6 "应用页面"对话框

· 应用主页:设置要使用到页面上的主页。

· 于页面:设置应用主页页面的范围。

设置完毕后,单击"确定"按钮,即可将主页应用到指定的页面上,如图 9-3-7 所示。

选择需要更改主页的页面,按住 Alt 键,单击主页,可将主页应用到选择的页面,如图 9-3-8 所示。

3．编辑主页

对主页进行编辑和修改会自动反映在所有应用了该主页的页面上。对主页的编辑、修改和对页面的编辑、修改的方法基本相同。可以对主页添加文本、图像、页码等内容。

(1) 添加图像

双击"A-主页",将该主页显示在工作区域中。使用"矩形"工具在视图中绘制矩形图像,并为图像填充颜色,如图 9-3-9 所示。

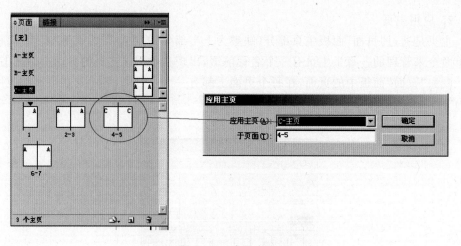

图 9-3-7　应用主页

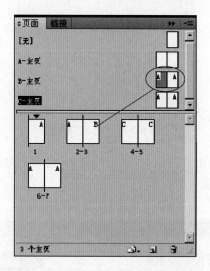

图 9-3-8　将主页应用到选择的页面

　　双击第一页,转换到编辑页面的工作区域中,可以看到在应用"A-主页"的页面中显示了相应的图像,如图 9-3-10 所示。

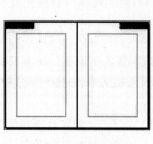

图 9-3-9　绘制图像

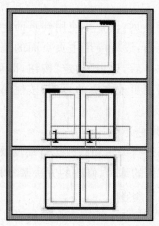

图 9-3-10　应用该主页的页面效果

由于"D-主页"基于"A-主页",因此当"A-主页"更改时,"D-主页"也会随之发生改变。

(2) 添加页码

双击"A-主页",使该主页成为编辑目标。接着使用"文字工具",在视图中绘制文本框,然后执行菜单命令"文字"→"插入特殊符号"→"标点符"→"当前页码",在文本框中插入当前页码符,如图 9-3-11 所示。

插入的页码符符号是根据主页的前缀来显示的,例如:主页的前缀为 A,那么显示的页码符符号也为 A。

将该文本框复制并移动到跨页的右侧,如图 9-3-12所示。

双击"页面"面板中的页面,使页面成为编辑目标,可以看到在页面相应的位置显示了页码,如图 9-3-13 所示。

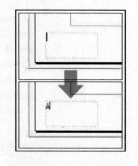

图 9-3-11 插入当前页码

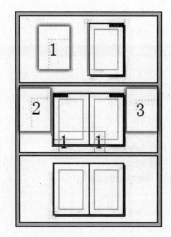

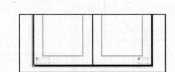

图 9-3-12 在跨页的两侧创建当前页码　　　　**图 9-3-13 显示页码**

执行菜单命令"版面"→"页码和章节选项",打开"页码和章节选项"对话框,如图 9-3-14所示。

・开始新章节:该选项可以从选择的页面重新开始排列页码。

・自动编排页码:该选项将当前的页码跟随前一页的页码。使用此选项,在增加页码时可以自动更新页码。

・起始页码:可以从选择的页面起独立于文档的其余部分进行单独编排。

・章节前缀:为每个页码前设置一个标签。在此选项的文本框中输入的字符仅限 8 个。

・样式:从菜单中选择一种页码样式。该样式仅应用于本章节中的所有页面。

・章节标志符:键入字符,将把该字符插入到页面上章节标志符所在的位置。

・编排页码时包含前缀:如果要在生成目录或索引时,或在打印包含自动页码的页面时显示章节前缀,选择此选项。

・文档章节编号:在该选项文本框中输入数值,使选择页面中的章节不按照顺序排列。

设置完毕后，单击"确定"按钮，即可调整页码，如图 9-3-15 所示。

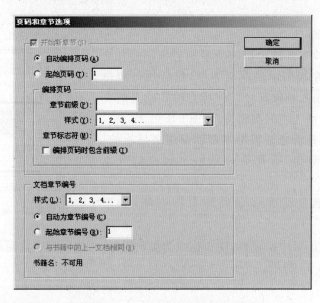

图 9-3-14　"页码和章节选项"对话框

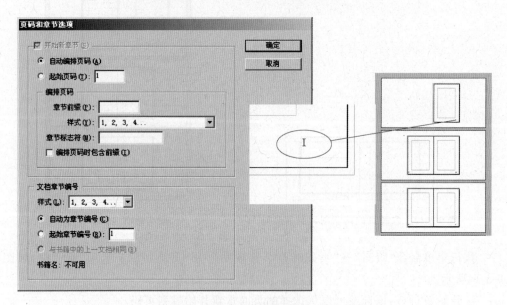

图 9-3-15　调整页码

本章小结

　　在本章中通过对版式制作的基础应用、结构特点、设置方法及应用领域的讲解，为读者进行系统地版式制作奠定了基础，对今后的工作具有长远的实际意义。

课后练习

1. 进行实际操作，分析操作过程中出现的知识点。

2. 对页面的设置部分反复加以推敲，熟练掌握软件操作。

10

版式设计架构

    排版规则赋予语言以可视形式,如图 10-0-1 所示。随着社会的进步与繁荣,人们对印刷品的需求增加,要求提高。往日的标准已经不能满足现代市场的需求了。在本章的学习中主要针对排版的应用技术进行了详细的讲解,在工作中此类技术的应用非常广泛。

图 10-0-1　版式结构

10.1　电子排版技术与应用

10.1.1　相关知识

    电子排版是计算机应用中发展较早的领域之一。早在上世纪八十年代便已经得到了成熟的应用,从而使我们彻底告别了铅与火的时代。以图 10-1-1 为例可以看出电子排版掀起了印刷领域的一场革命。随着人们对出版物要求的提高,InDesign 的使用已成为科技发展的必然。

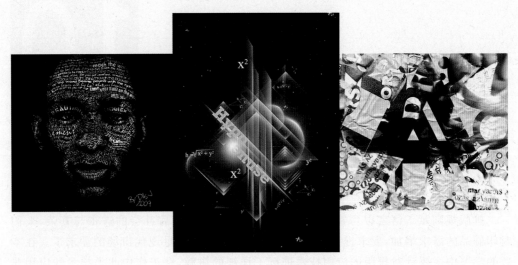

图 10-1-1　电子排版

　　目前在计算机上，硬件和软件的性能发展很快，尤其是在软件应用上使用已经广泛，伴随系统稳定性的提高，使得 InDesign 的功能较之以前的系统有了质的飞跃，并且具有很好的可靠性。即使遇到系统崩溃，InDesign 也会自动存储已经完成的文件，无论是小册子，还是长篇书籍，都完好无损。InDesign 软件界面如图 10-1-2 所示，各菜单栏如图 10-1-3 所示。

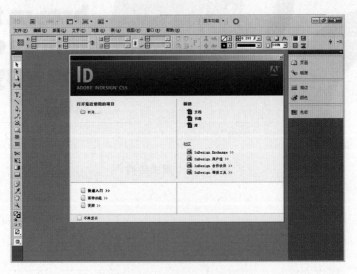

图 10-1-2　InDesign 软件界面

　　InDesign 综合了以前多种排版软件的功能，具有很好的整合性。它具有独创的版面样式、灵活的桌面创作，可编辑各种图形效果、直接导出 PDF 文件，支持各种打印方式，这些功能确立了 InDesign 在专业排版软件中的地位。

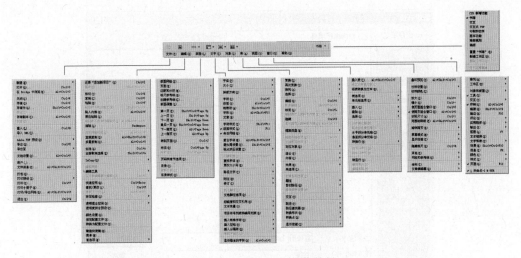

图 10-1-3　InDesign 各菜单栏

10.1.2　排版

用户可以在 InDesign 文本编辑器中输入并编辑文本。文本编辑器是一个集成的文字处理显示窗口,可帮助用户高效地跨多个文本框和页面对文本进行修改和统版。在文本编辑器中工作时,文本的修改会出现在版面中,这样用户就可以看到这些修改对整体设计有何影响。还可以快速查看和应用段落、字符样式、XML 标签,以及文本格式,尤其当对跨越若干页的文本应用样式时更是方便。

1. "书籍"应用

传统的设计定义中,长文档便是书籍。书籍一般对索引、目录、页码和样式等方面要求一致性。在 InDesign 中提供了"书籍"面板,可以把多个单独的 InDesign 文档合并为一个书籍文档,但书籍中的各个文档仍然单独存在并可以单独修改。通过"书籍"面板可以非常容易地编排书籍中各章节和页码,统一样式。

(1)新建书籍

以制作宣传册为例学习书籍的应用。

单击菜单命令"文件→新建→书籍",打开"新建书籍"对话框,如图 10-1-4 所示。

选择存储书籍的位置,输入文件名,单击"保存"按钮,打开"书籍"面板,如图10-1-5所示。

单击"书籍"面板底部"添加文档"按钮,打开"添加文档"对话框,选择光盘素材中的"宣传册.indd"文档,如图 10-1-6 所示。

然后单击"打开"按钮,将该文档添加到"书籍"面板中,如图 10-1-7 所示。

图 10-1-4 "新建书籍"对话框

图 10-1-5 "书籍"面板

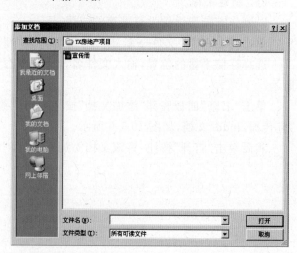

图 10-1-6 "添加文档"对话框

图 10-1-7 添加到"书籍"面板

双击"书籍"面板中的文档名称,即可打开相应的文件。

(2)书籍文档中编排页码

在"书籍"面板中,页码范围出现在各个文档名称后面。编辑样式和开始页根据各个文档在文档页码编排对话框中的设置而定。如果选择自动编排页码,则书籍中的文档将被连续地编排页码。在"书籍页码选项"对话框中可以设置书籍页面的编码方式。

在"书籍"面板中,拖动面板中的文档,可以调整文档在面板中的顺序并且更改页码的顺序,如图 10-1-8 所示。

单击"书籍"面板右上角的面板菜单按钮,在弹出的菜单中单击"书籍页码选项"命令,打开"书籍页码选项"对话框,如图 10-1-9 所示。

图 10-1-8 调整文档的顺序

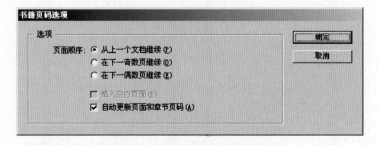

图 10-1-9 "书籍页码选项"对话框

• 从上一个文档继续:页码顺序为连续编码。例如,第一个文档为 3 页,则第二个文档的第一页被重排为 4 页。

　　•在下一奇数页继续:下面的文档将在下一个奇数页开始编排。如第一个文档为 3 页,则第二个文档第一页为 5 页,并且不在两个文档中添加空白页。如果需要插入空白页面,将"插入空白页面"复选框选上即可。

　　•在下一偶数页继续:下面的文档将在下一个偶数页开始编排。如第一个文档为 4 页,则第二个文档第一页为 6 页,并且不在两个文档中添加空白页。如果需要插入空白页面,将"插入空白页面"复选框选上即可。

　　•自动更新页面和章节页码:取消该选项的复选,每个文档的开始均会自动另起一页。

　　(3) 同步文件

　　在同步书籍中的文档时,会将样式和色板从样式源复制到书籍中指定的文档,以替换具有相同名称的所有样式和色板。使用"同步选项"对话框可以确定复制的样式和色板。

　　如果没有在正同步的文档中找到样式源中的样式和色板,则会添加它们,如果正同步文档中的样式和色板不是样式源中的样式和色板,则会保留其原样。

　　用户可以在关闭书籍中的文档后同步该书籍。

　　观察"书籍"面板,在面板选项卡的左侧有一个图标,表示该文档为样式源,如图 10-1-10 所示。在"宣传册"选项卡的左侧单击,设置样式源。

图 10-1-10　设置样式源

　　双击"宣传册 2"将其打开,观察文本的样式和"宣传册 1"中的文本样式不完全相同,并且在段落样式面板中的名称也有所差异,如图 10-1-11 所示。

图 10-1-11　比较样式

选择"宣传册 2"，单击"书籍"面板右上角的面板菜单按钮，在弹出的菜单中执行"同步'已选中的文档'"命令，打开文档进度提示对话框，如图 10-1-12 所示。

图 10-1-12　文档进度提示对话框

单击"确定"按钮，关闭对话框，使选择的文档和样式源中的样式相同，如图10-1-13所示。

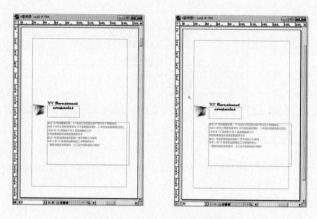

图 10-1-13　同步已选中的文档

如果在"书籍"面板没有选中文档，单击右上角的面板菜单按钮，在弹出的菜单中执行"同步'书籍'"命令，则将对书籍中所有的文档进行同步处理。

单击"书籍"面板右上角的面板菜单按钮，在弹出的菜单中执行"同步选项"命令，打开"同步选项"对话框，如图 10-1-14 所示。在该对话框中设置应用同步选项的样式。

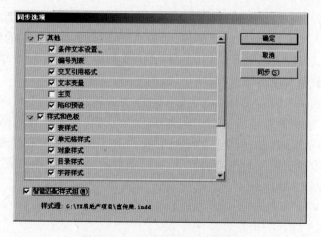

图 10-1-14　"同步选项"对话框

单击"确定"按钮,关闭对话框对同步样式进行设置。如果单击"同步"按钮,将根据已经设置好的同步样式应用到同步文档。

2. 目录

目录中可以列出书籍、杂志或其他出版物的内容,可以显示插图列表、广告商或摄影人员名单,也可以显示有助于读者在文档或书籍文件中查找信息的其他信息。在一个文档中可以包含多个目录,例如章节列表和插图列表。

打开"宣传册",在第 1 页的前方添加 1 页。

然后单击菜单命令"版面→目录",打开"目录"对话框,如图 10-1-15 所示。

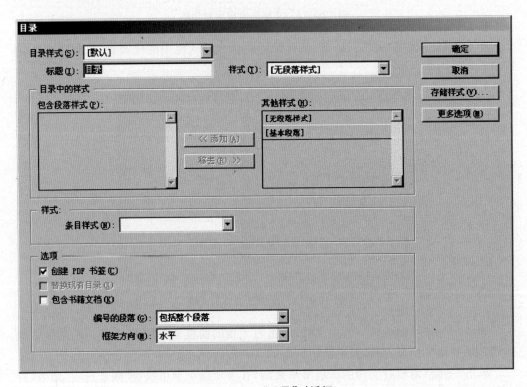

图 10-1-15 "目录"对话框

在"目录样式"选项的下拉列表中选择目录样式,默认状态下为默认样式。在"标题"文本框中输入文字,设置目录的名称。"样式"选项设置目录文字的样式。

在"其他样式"选项中,选择应用哪种样式的文字成为目录。接着单击"添加"按钮,将该样式添加到"包含段落样式"选项中,如图 10-1-16 所示。

单击"更多选项"按钮,在对话框中显示较多的选项,如图 10-1-17 所示。

"条目样式"选项设置目录正文文本的样式。"页码"选项设置页码的位置,并设置是否在目录中显示页码,在"页码"选项后的"样式"选项设置页码的样式。"条目与页码间"选项设置文本和页码之间连接的符号,该选项后的"样式"选项设置文本和页码之间符号的样式,如图 10-1-18 所示。

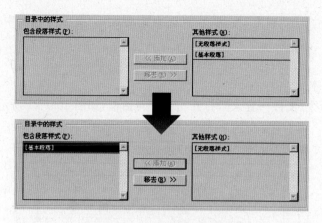

图 10-1-16　包含段落样式选项

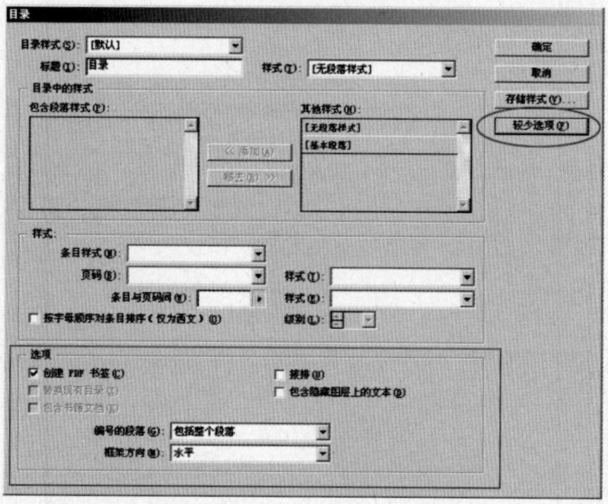

图 10-1-17　更多选项

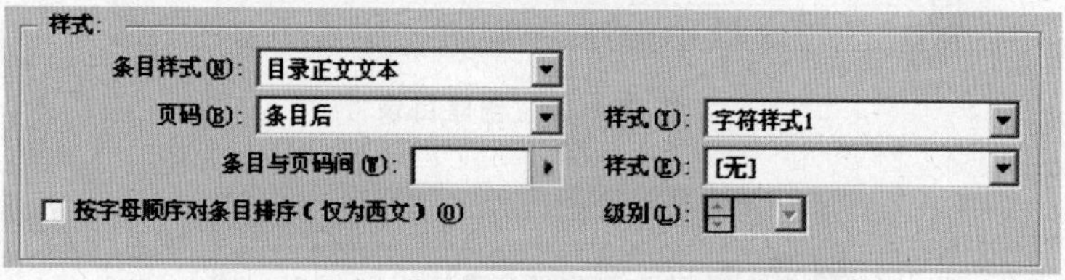

图 10-1-18　"样式"选项组

在"选项"组中,为书籍中的所有文档创建目录,如图 10-1-19 所示。

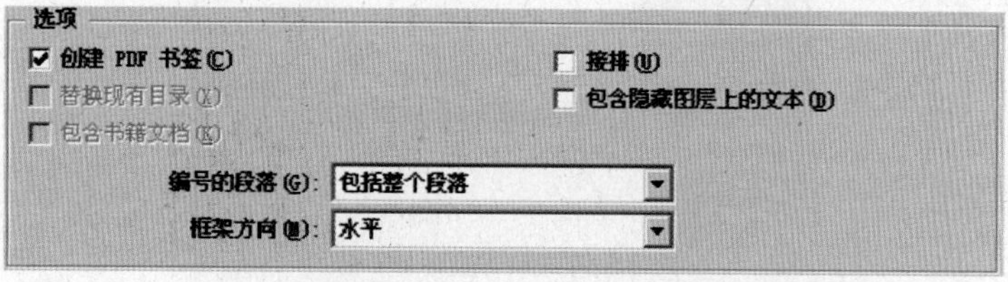

图 10-1-19　"选项"组

设置完毕后，单击"确定"按钮，在页面中拖动鼠标，即可在视图中创建目录，如图10-1-20 所示。

3. 文本

（1）置入文本

单击菜单命令"文件→置入"，打开"置入"对话框，如图10-1-21 所示。

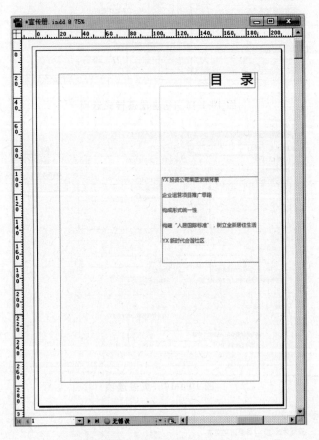

图 10-1-20　创建目录

图 10-1-21　置入文本

选中所需文本,并选中对话框左下角中的"显示导入选项"复选框。在随后出现的对话框中,设定所需参数后,单击"确定"按钮,将所需文本置入。

也可以打开所需的文本文件,将文本选中后粘贴到 InDesign 页面中。

①定义字符样式和段落样式。选择"段落样式"命令,在出现的对话框中,依次选择各种项目并设定,如图 10-1-22 所示。

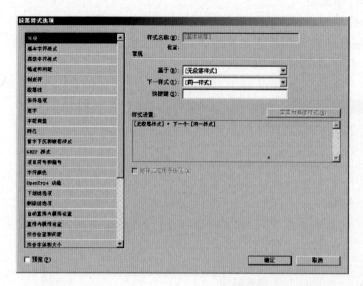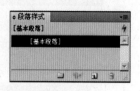

图 10-1-22　设置段落样式

②文字编辑。单击菜单命令"编辑→文本编辑器"。

③置入图形。选择工具框中的"外框"工具,在所需置入图形的位置划出相应大小的图形框。单击菜单命令"文件→置入",如图 10-1-23所示。

④图文排版。单击菜单命令"窗口→文字与表格→文字绕图",根据需要选择文字绕图方式。

（2）调整和修改

①文字调整。如果是全局的修改,应该在段落样式中调整。如果是局部文字的修改,可在字符样式中调整。如果需要将段落内小标题都改为"中等线"。选择"文字样式"工具箱,将样式名称改为"文内标题",在"字体集"中选择

图 10-1-23　选择所需图形置入

"中等线",单击"确定"按钮,分别选择文内小标题,单击字符样式中的"文内标题"。

②段落样式调整。根据总体布局,分别调整和修改原定义的段落样式。选择"段落样式"工具箱,在首行缩进中输入"7mm"。单击"确定"按钮。此时,段落前就自动缩进。

③图形调整。选择需要修改的图形,根据需要分别选择"阴影"、"羽化"或"渐变"。

在调整图形时,如果需要调整图形的长宽比例等,使用工具栏中的"直接选取工具"。

④版面顺序调整。打开"页面"工具箱,此时可以看到所有页面的缩略图和页码。拖拽鼠标,将需要调整的页面放前或置后。

4. 印前准备

(1)检查信息

单击菜单命令"文件→打印准备"。

打开"打印"对话框,软件将用户所做的全部内容给出了一个详尽的报告。制作者和输出菲林片的操作人员应仔细阅读和检查此报告,包括常规、设置、标记和出血、输出、图形、颜色管理、高级和小结,如图 10-1-24 所示。

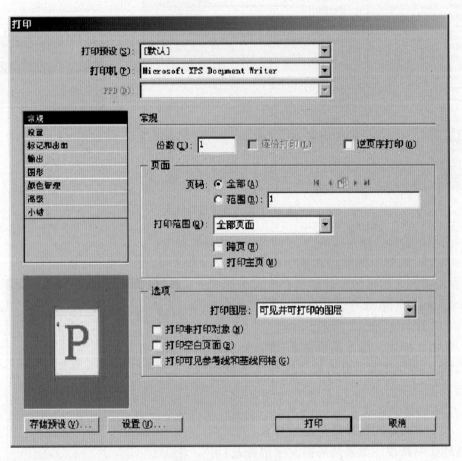

图 10-1-24　输出报告

(2)修改

在完成检查后,对于不符合要求的内容和设置返回至原文件中修改。

(3)打包

单击菜单命令"文件"→"打包",打开"打包"对话框,尽可能按照要求逐项填写,填写完毕后,单击"打包"按钮,如图 10-1-25 所示。

打包后,InDesign 将自动建立一个新的文件夹,将用户在这个工作中所有相关的文本、图形和各类文件做成一个完整的备份置入,便于归类保存,同时可以向输出中心

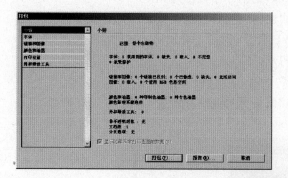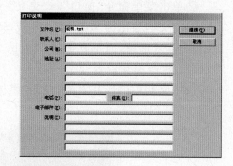

图 10-1-25　填写打包信息

提供，避免以往经常出现的文件缺失的弊病。

送至输出中心后，输出操作人员还应该重复上述工作，并根据输出要求做相应的参数设置。

至此，一个完整的文件制作和排版工作基本完成。

10.2　创建交互式 PDF 文档

InDesign 可以制作和输出交互式 PDF 文件，包括书签、影片、声音和超链接等。

1. 书签

在 InDesign 文档中创建的书签显示在 Acrobat 或 Reader 窗口左侧的"书签"面板中。每个书签都能跳转到 PDF 导出文件中的某个页面、文本或图形。

生成的目录会自动添加到"书签"面板中。此外，可以使用书签进一步自定文档，以引导读者的注意力或使导航更清晰。书签还可以嵌套在其他书签下。

（提示：用户可能希望在 PDF 文档的"书签"选项卡中显示书签，但不希望在 PDF 中显示目录。在这种情况下，将在文档的最后一页生成目录。当用户导出 PDF 时，请不要包含最后一页。或者，如果您在导出 PDF 时包含了最后一页，然后在 Acrobat 中将其删除。）

①单击菜单命令"窗口"→"交互"→"书签"，显示"书签"面板。

②单击要将新书签置于其下的书签。如果不选择书签，新书签将自动添加到列表末尾。

③在文本中单击，置入一个插入点，或选择文本，指示书签要跳转到的位置。

④在"书签"面板上单击"创建新书签"按钮，或从面板菜单中选择"新建书签"命令。

2. 影片和声音

可以将影片和声音文件添加到文档中，也可以链接到 Internet 上的流式视频文件。

（1）添加影片或声音文件

①单击菜单命令"文件"→"置入"，然后双击影片或声音文件，再单击要显示影片的位置。如果通过拖动来创建媒体框架，影片边界可能出现歪斜。

放置影片或声音文件时，框架中将显示一个媒体对象，此媒体对象链接到媒体文件，可以调整此媒体对象的大小来确定播放区域的大小。

如果影片的中心点显示在页面的外部,则不导出该影片。

②单击菜单命令"窗口"→"交互"→"媒体",可以预览媒体文件并更改设置。

③将文档导出为 Adobe PDF 或 SWF 格式,如果要导出 Adobe PDF,选择"Adobe PDF(交互)"选项,而不要选择"Adobe PDF(打印)"。

(2) 更改影片设置

选中文档中的影片对象,使用"媒体"面板可更改影片设置,如图 10-2-1 所示。

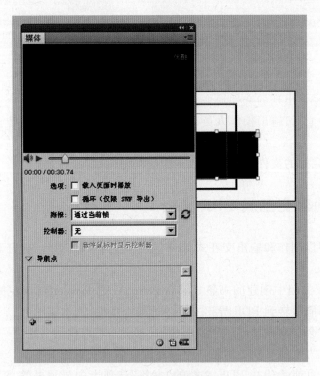

图 10-2-1 "媒体"面板

①载入页面时播放。当用户转至影片所在的页面时播放影片。如果其他页面项目也设置为"载入页面时播放",则可以使用"计时"面板来确定播放顺序。

②循环。循环播放功能只适用于导出的 SWF 文件,而不适用于导出的 PDF 文件。

③海报。指定要在播放区域中显示的图像类型。

④控制器。如果影片文件为 Flash 视频(FLV 或 F4V)文件或 H.264 编码的文件,则可以指定预制的控制器外观,从而让用户可以采用各种方式暂停、开始和停止影片播放。如果选择"悬停鼠标时显示控制器",则表示当鼠标指针悬停在媒体对象上时,就会显示这些控件。使用"预览"面板可以预览选定的控制器外观。如果影片文件为传统文件(如,AVI 或 MPEG),则可以选择"无"或"显示控制器",后者可以显示一个允许用户暂停、开始和停止影片播放的基本控制器。置入的 SWF 文件可能具有其相应的控制器外观。使用"预览"面板可以测试控制器的选项。

⑤导航点。要创建导航点,先将视频快进至特定的帧,然后单击加号图标。如果希望在不同的起点处播放视频,则导航点非常有用。创建视频播放按钮时,可以使用"从导航点播放"选项,从所添加的任意导航点开始播放视频。

（3）更改声音设置

选中文档中的声音对象，使用"媒体"面板可以更改声音设置。

①载入页面时播放。当用户转至声音对象所在的页面时播放声音文件。如果其他页面项目也设置为"载入页面时播放"，则可以使用"计时"面板来确定播放顺序。

②翻页时停止。当用户转至其他页面时停止播放声音文件。如果音频文件不是MP3文件，则此选项显示灰色，处于不可用状态。

③循环重复地播放。如果源文件不是MP3文件，则此选项显示灰色，处于不可用状态。

④海报。指定要在播放区域中显示的图像的类型。

3．超链接

在PDF导出文档中，单击超链接可以跳转到同一个文档的其他位置、其他文档或网站。使用"超链接"面板可以编辑、删除、重置或定位超链接。

（1）编辑超链接

双击要编辑的项目，在"编辑超链接"对话框中，根据需要更改超链接，然后单击"确定"按钮。

（2）删除超链接

在"超链接"面板中选择要移去的一个或多个项目，然后单击此面板底部的"删除"按钮。移去超链接后，源文本或图形仍然保留。

（3）为超链接源重新命名

为超链接源重新命名将会更改超链接源在"超链接"面板中的显示方式。

选择要重新命名的超链接，从"超链接"面板菜单中选择"重命名超链接"，然后指定一个新名称。

（4）编辑或删除超链接目标

打开其中显示目标的文档，在"超链接"面板菜单中选择"超链接目标选项"，选择要编辑的目标名称。单击"编辑"按钮，然后对目标做必要的更改，或单击"删除"按钮，移去目标。最后单击"确定"按钮。

（5）重置或更新超链接

在"超链接"面板菜单中选择"重置超链接"或"更新超链接"，即可进行相应操作。

4．交叉引用

在PDF导出文件中，交叉引用会将读者从文档的一个部分引导到另一部分。交叉引用在用户指南和参考手册中尤为有用。如果将含有交叉引用的文档导出为PDF，则交叉引用将充当交互式超链接。

使用"超链接"面板在文档中插入交叉引用，被引用的文本称为"目标文本"，从目标文本生成的文本为"源交叉引用"。

在文档中插入交叉引用时，用户可以从多种预先设计的格式中选择格式，也可以自定义格式。可以将某个字符样式应用于整个交叉引用源，也可以应用于交叉引用中的文本。交叉引用格式可在书籍内部同步。

交叉引用源文本可以进行编辑，并且可以换行。

单击菜单命令"文件→导出"，指定文件的名称和位置，选择"Adobe PDF（交互）"，然后单击"保存"按钮。指定"导出至交互式PDF"对话框中的选项，然后单击"确定"按钮。

10.3 表

InDesign 提供了方便灵活的表格功能,可以简单地导入 Excel 表格文件或是 Word 中的表格,也可以快速地将文本转换为表格。利用合并及拆分单元格并通过笔画和填充功能,可以快速地创建复杂而美观的表格。

1. 创建表格

使用文字工具绘制一个新的文本框,或是将插入点置于一个现有的文本框或表格中。选择菜单命令"表→插入表",在弹出的对话框中指定行数和列数。如果表格会跨过不止一个栏或框,可以指定重复的表头行和表尾行。单击"确定"按钮,如图10-3-1所示。

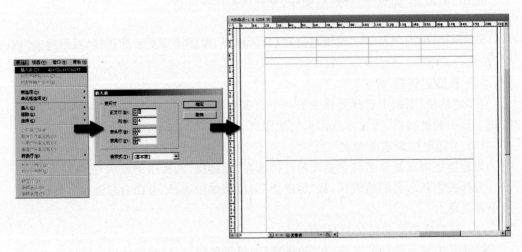

图 10-3-1　创建表格

2. 在表格中添加文本

可以在单元格中添加文本、随文图、随文文本框或其他表格。要添加文本,可直接输入、粘贴或置入。如果没有设定固定的行高,表格的行高会随着文本行的增加而增加,如图 10-3-2 所示。

课程表			

图 10-3-2　添加文字

3. 在表格中添加图

当添加的图比单元格大时,单元格高度会增加以适应图,但单元格的宽度不会变化,图可能会超出单元格的右边。如果图所在单元格设置为固定高度、超过行高的图会导致单元格出现过剩,如图10-3-3 所示。

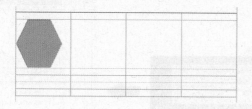

图 10-3-3　添加图片

4. 从现有文本创建表格

在将文本转换为表格之前,确认已经按适当的格式设置好文本。可以选择定位标记、逗号或段落回车作为新的行和列开始的位置,也可以指定其他的字符。例如,可能希望用分号分开不同的栏,用段落回车分行,如图 10-3-4 所示。

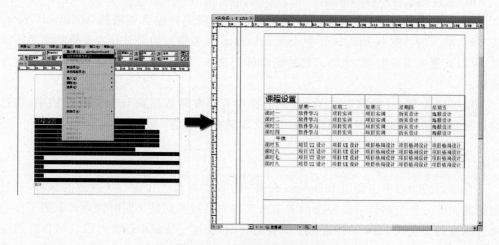

图 10-3-4　将文本转换为表格

5. 将表格转换为文本

当将表格转换为文本时,InDesign 会移除表格线,在每一行和每一栏的结束处插入指定的分隔符。为取得最好的结果,对行和栏使用不同的分隔符,如用段落分隔行、用定位标记分隔栏,如图 10-3-5 和图 10-3-6 所示。

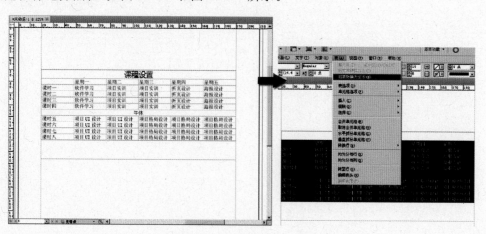

图 10-3-5　将表格转换为文本(1)

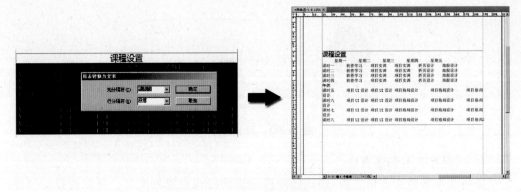

图 10-3-6　将表格转换为文本（2）

6. 从其他软件中导入表格

当使用"置入"命令来导入 Microsoft Excel 表格或是包含表格的 Microsoft Word 文本时，导入的数据在 InDesign 中成为 InDesign 的表格。如果对导入表格的结果不满意，可以在置入文件时选"未格式化的定位标记文本"，然后整理该文本，再将其转换为表格。

也可以从 Excel 数据表或 Word 的表格中直接复制数据到 InDesign 文档中，信息会以带定位标记文本的形式出现，可以将文本转换为表格。

本章小结

在本章的学习中主要以 InDesign 在商业作品的综合应用进行了细致的讲解，通过书籍案例的分析与制作可以解决读者未来工作中的技术问题。同时针对未来的工作中将会出现的交互式 PDF 文档进行了简要的介绍，在这一领域中读者可以针对软件的应用体系进行有效的技术延展，从而达到更高的技术应用效果。

课后练习

1. 选择光盘排版文件进行操作训练。
2. 针对表格应用方法，进行表格制作。

后　记

在这个绚丽多彩的夏天，终于迎来了数字媒体技术应用专业系列教材即将出版的日子。

早在 2009 年，我就与 Adobe 公司和 Autodesk 公司等数字媒体领域的国际企业中国区领导人就数字媒体技术在职业教育教学中的应用进行过探讨，并希望有机会推动职业教育相关专业的发展。2010 年，教育部《中等职业教育专业目录》中将数字媒体技术应用专业作为新兴专业纳入中职信息技术类专业之中。2010 年 11 月 18 日，教育部职业教育与成人教育司（以下简称"教育部职成教司"）同康智达数字技术（北京）有限公司就合作开展"数字媒体技能教学示范项目试点"举行了签约仪式，教育部职成教司刘建同副司长代表职成教司签署合作协议。同时，该项目也获得了包括高等教育出版社等各级各界关心和支持职业教育发展的单位和有识之士的大力协助。经过半年多的实地考察，"数字媒体技能教学示范项目试点"的授牌仪式于 2011 年 3 月 31 日顺利举行，教育部职成教司刘杰处长向试点学校授牌，确定了来自北京、上海、广东、大连、青岛、江苏、浙江等七省市的 9 所首批试点学校。

为了进一步建设数字媒体技术应用专业，在教育部职成教司的指导下、在高等教育出版社的积极推动下，与实地考察工作同时进行的专业教材编写经历了半年多的研讨、策划和反复修改，终于完稿。同时，为了后续培养双师型骨干教师和双证型专业学生，我们还搭建了一个作品展示、活动发布及测试考评的网站平台——数字教育网www.digitaledu.org。随着专业建设工作的开展，我们还会展开一系列数字媒体技术应用专业各课程的认证考评，颁发认证证书，证书分为师资考评和学生专业技能认证两种，以利于进一步满足师生对专业学习和技能提升的要求。

我们非常感谢各界的支持和有关参与人员的辛勤工作。感谢教育部职成教司领导给予的关怀和指导；感谢上海市、广州市、大连市、青岛市和江苏省等省市教育厅（局）、职成处的领导介绍当地职业教育发展状况并推荐考察学校；感谢首批试点学校校长和老师们切实的支持。同时，要感谢教育部新闻办、中国教育报、中国教育电视台等媒体朋友们的支持；感谢高等教育出版社同仁们的帮助并敬佩编辑们的专业精神；感谢 Adobe 公司、Autodesk 公司和汉王科技公司给予的大力支持。

我还要感谢一直在我身边，为数字媒体专业建设给予很多建议、鼓励和帮助的朋友和同事们。感谢著名画家庞邦本先生、北京师范大学北京京师文化创意产业研究院执行院长肖永亮先生、北京电影学院动画学院孙立军院长，他们作为专业建设和学术研究的领军人物，时刻关心着青少年的成长和教育，积极参与专业问题的探讨并且给予悉心指导，在具体工作中还给予了我本人很多鼓励。感谢资深数字视频编辑专家赵小虎对于视频编辑教材的积极帮助和具体指导；感谢好友张超峰在基于 Maya 的三维动画工作流程中给予的指导和建议；感谢好友张永江在网站平台、光盘演示程序以及考评系统程序设计中给予的大力支持；感谢康智达公司李坤鹏等全体员工付出的努力。

最后，我要感谢在我们实地考察、不断奔波的行程中，从雪花纷飞的圣诞夜和辞旧迎新的元旦，到春暖花开、夏日炎炎的时节，正是因为有了出租车司机、动车组乘务员以及飞机航班的服务人员等身边每一位帮助过我们的人，伴随我们留下了很多值得珍惜和记忆的美好时光，也促使我们将这些来自各个地方、各个方面的关爱更加积极地渗透在"数字媒体技能教学示范项目试点"的工作中。

愿我们共同的努力，能够为数字媒体技术应用专业的建设带来帮助，让老师们和同学们能够有所收获，能够为提升同学们的专业技能和拓展未来的职业生涯发挥切实有效的作用！

数字媒体技能教学示范项目试点执行人
数字媒体技术应用专业教材编写组织人
康智达数字技术（北京）有限公司总经理
贡庆庆
2011 年 6 月

读者回执表

亲爱的读者：

感谢您阅读和使用本书。读完本书以后，您是否觉得对数字媒体教学中的光影视觉设计、数字三维雕塑等有了新的认识？您是否希望和更多的人一起交流心得和创作经验？我们为数字媒体技术应用专业系列教材的使用及教学交流活动搭建了一个平台——数字教育网 www.digitaledu.org，电话：010－51668172，康智达数字技术（北京）有限公司。我们还会推出一系列的师资培训课程，请您随时留意我们的网站和相关信息。

回执可以传真至 010－51657681 或发邮件至 edu@digitaledu.org。

姓名		性别		出生日期		民族	
工作单位	（或学校名称）						
职务			学科				
电话			传真				
手机			E－mail				
地址						邮编	

1. 您最喜欢这套数字媒体技术应用专业系列中的哪一本教材？ ＿＿＿＿＿＿＿
2. 您最喜欢本书中的哪一个章节？ ＿＿＿＿＿＿＿＿
3. 贵校是否已经开设了数字媒体相关专业？ □是　□否；专业名称是 ＿＿＿＿＿
4. 贵校数字媒体相关专业教师人数：＿＿＿＿＿数字媒体相关专业学生人数：＿＿＿
5. 您是否曾经使用过电子绘画板或数位板？ □是　□否；型号是＿＿＿＿＿
6. 作为学生能够经常使用电子绘画板进行数字媒体创作吗？ □是　□否
7. 贵校是否曾经开设过与 Adobe 公司相关软件的课程？ □是　□否；开设的内容与如下软件相关：□Photoshop　□Illustrator　□InDesign　□Flash　□Dreamweaver □Flash ActionScript　□Premiere　□After Effects　□Audition
8. 贵校是否曾经开设过与 Autodesk 公司相关软件的课程？ □是　□否；开设的内容与如下软件相关：□Maya　□3ds Max　□Mudbox　□Smoke　□Flame
9. 贵校在数字媒体课程中有可能先开设哪些课程？
□数字媒体技术基础　□光影视觉设计　□数字插画与排版　□二维动画制作
□互动媒体制作　　　□数字视频编辑　□数字影像合成　　□三维可视化制作
□三维动画基础入门　□数字三维雕塑　□数字后期特效
10. 贵校有相关数字媒体、动画、漫画、摄影、游戏设计等学生社团吗？ □有 □无
社团的名称是＿＿＿＿＿＿＿＿＿＿＿＿＿＿＿
11. 您最希望参加何种类型的培训学习或活动？
培训学习：□讲座　□短期培训（1 周以内）　□长期培训（3 周左右）
活动：□数字媒体相关作品大赛　□数字媒体相关作品的媒体发布　□专业的高级研讨会
12. 您对我们的工作有何建议或意见？

郑重声明

高等教育出版社依法对本书享有专有出版权。任何未经许可的复制、销售行为均违反《中华人民共和国著作权法》，其行为人将承担相应的民事责任和行政责任；构成犯罪的，将被依法追究刑事责任。为了维护市场秩序，保护读者的合法权益，避免读者误用盗版书造成不良后果，我社将配合行政执法部门和司法机关对违法犯罪的单位和个人进行严厉打击。社会各界人士如发现上述侵权行为，希望及时举报，本社将奖励举报有功人员。

反盗版举报电话　(010) 58581897　58582371　58581879

反盗版举报传真　(010) 82086060

反盗版举报邮箱　dd@hep.com.cn

通信地址　北京市西城区德外大街 4 号　高等教育出版社法务部

邮政编码　100120

短信防伪说明

本图书采用出版物短信防伪系统，用户购书后刮开封底防伪密码涂层，将 16 位防伪密码发送短信至 106695881280，免费查询所购图书真伪，同时您将有机会参加鼓励使用正版图书的抽奖活动，赢取各类奖项，详情请查询中国扫黄打非网 (http://www.shdf.gov.cn)。

反盗版短信举报

编辑短信"JB，图书名称，出版社，购买地点"发送至 10669588128

短信防伪客服电话

(010) 58582300

学习卡账号使用说明

本书所附防伪标兼有学习卡功能，登录"http://sve.hep.com.cn"或"http://sv.hep.com.cn"进入高等教育出版社中职网站，可了解中职教学动态、教材信息等；按如下方法注册后，可进行网上学习及教学资源下载：

(1) 在中职网站首页选择相关专业课程教学资源网，点击后进入。

(2) 在专业课程教学资源网页面上"我的学习中心"中，使用个人邮箱注册账号，并完成注册验证。

(3) 注册成功后，邮箱地址即为登录账号。

学生：登录后点击"学生充值"，用本书封底上的防伪明码和密码进行充值，可在一定时间内获得相应课程学习权限与积分。学生可上网学习、下载资源和提问等。

中职教师：通过收集 5 个防伪明码和密码，登录后点击"申请教师"→"升级成为中职计算机课程教师"，填写相关信息，升级成为教师会员，可在一定时间内获得授课教案、教学演示文稿、教学素材等相关教学资源。

使用本学习卡账号如有任何问题，请发邮件至："4a_admin_zz@pub.hep.cn"。